AF649127

Nikolaus Richter

Experimentelle Untersuchungen zur Beleuchtung interplanetarer Materie I. Teil

Photometrische Untersuchungen an Stein- und Eisenmeteoriten

Veröffentlichungen der Sternwarte in Sonneberg · Band 5 · Heft 3

DEUTSCHE AKADEMIE DER WISSENSCHAFTEN ZU BERLIN

Veröffentlichungen der Sternwarte in Sonneberg

Band 5 · Heft 3

NIKOLAUS RICHTER

Experimentelle Untersuchungen zur Beleuchtung interplanetarer Materie I. Teil

Photometrische Untersuchungen an Stein- und Eisenmeteoriten

Mit 43 Abbildungen und 3 Tabellen

Akademie-Verlag · Berlin 1962

Erschienen im Akademie-Verlag GmbH, Berlin W 8, Leipziger Straße 3—4
Copyright 1962 by Akademie-Verlag GmbH
Lizenznummer: 202 · 100/541/62
Gesamtherstellung: VEB Druckerei „Thomas Müntzer" Bad Langensalza
Bestellnummer: 2006/V/3 · ES 18 D 4 · Preis: DM 5,90

INHALTSVERZEICHNIS

ZUSAMMENFASSUNG

An 13 rotierenden Stein-Meteoriten und 3 Eisen-Meteoriten wurde das mittlere Reflexionsvermögen durch Anschluß an eine Magnesiumoxydfläche bestimmt. Ferner wurden die mittleren Phasenkurven und das Polarisationsvermögen in Abhängigkeit vom Phasenwinkel gemessen. Die Untersuchungen geschahen bei den isophoten Wellenlängen von 520 nm, 480 nm und 425 nm.

ABSTRACT

From 13 rotating stony meteorites and 3 iron meteorites the mean reflecting power was determined by comparing with magnesium oxyde. Furthermore the mean phase curve and the polarisation power depending on phase angle were measured. The investigations were made in the isophote wave lengths 520 nm, 480 nm and 425 nm.

Einleitung

In einer vorangegangenen Untersuchung (Veröffentlichungen der Sternwarte in Sonneberg Bd. 2, Heft 6) wurden die photometrischen Verhältnisse freischwebender Partikelwolken verschiedener Dichtverteilung studiert mit der Absicht, die Phasenkurven solcher Wolken zu bestimmen und mit den Phasenkurven der Einzelteilchen zu vergleichen. Gleichzeitig wurde die Abhängigkeit des Polarisationsvermögens dieser Teilchen vom Phasenwinkel bestimmt.

Das Ziel war, Einblicke in Gesetzmäßigkeiten zu gewinnen, die für die Interpretierung von photometrischen Beobachtungen interplanetarer Materie (Kometen, Zodiakallicht) von Wichtigkeit sind. Die Teilchen, mit denen experimentiert wurde, waren sowohl dielektrischer als auch metallischer Natur und von der Größenordnung 10^{-2} cm. Sie entstammten irdischen Materialien.

Für die speziellen Belange der Untersuchung interplanetarer Materie drängte sich von selbst der Wunsch auf, einmal mit Teilchen zu operieren, die erwiesenermaßen aus dem interplanetaren Raum stammen. Hierfür kamen Meteorite in Betracht.

Das Reflexionsvermögen von 40 Meteoriten wurde in einer sorgfältigen Arbeit bereits von Krinow [1, 2] in verschiedenen Wellenlängen untersucht und bestimmt. Die von ihm in Kurven und Tabellen niedergelegten Ergebnisse sind die erste umfassende Sammlung optischer Materialkonstanten interplanetarer Materie. Die von ihm gefundenen Albedowerte liegen zwischen 0,08 und 0,44.

Die vorliegende Arbeit kann man insofern als Fortsetzung der Untersuchungen Krinows betrachten, als sie sich auf zwei weitere wichtige optische Materialkonstanten interplanetarer Materie erstrecken:

a) die Abhängigkeit des Reflexionsvermögens vom Phasenwinkel, d. h. die individuelle Phasenkurve des untersuchten Stückes.

b) das Polarisationsvermögen in Abhängigkeit vom Phasenwinkel.

Es war dabei zu bedenken, daß für die geplanten Untersuchungen nur solche Stücke von Wert sein würden, deren Oberflächen als repräsentativ für ihren wahren Zustand im interplanetaren Raum gelten können.

Man darf diese Bedingung für solche Bruchstücke von Steinmeteoriten als erfüllt voraussetzen, deren Oberflächen nicht mit Schmelzrinden bedeckt sind, und die wenig oder gar keine metallischen Einschlüsse enthalten, die einer raschen Korrosion auf der Erde unterliegen. Anders liegen die Verhältnisse bei Eisen- oder Nickel-Eisenmeteoriten, deren Oberfläche sich ja sehr bald mit einer Korrosionsschicht überzieht, die nichts mehr mit extraterrestrischen Verhältnissen zu tun hat. Außerdem muß man bei Eisenmeteoriten immer mit Schmelzprozessen rechnen, die die Oberflächenschichten umgestaltet haben können und die man nicht durch Schmelzrindenbildung erkennen kann, so daß man nicht weiß, ob auch eine gesäuberte Oberfläche den kosmischen Verhältnissen entspricht. Immerhin konnten in die Versuche auch Eisenmeteoriten einbezogen werden, bei denen diese Bedenken nur noch in geringem Maße bestanden, wie wir später sehen werden.

Für die Versuche fand ich in dankenswerter Weise von verschiedenen Seiten nachhaltige Unterstützung. So überließ das Staatliche Meteoritenkomitee der Akademie der Wissenschaften der UdSSR, vertreten durch Herrn Dr. KRINOW, dem Verfasser schenkungsweise eine Anzahl von Stein- und Eisenmeteoriten, die für spätere Versuche auch in verkleinertem Zustande verwendet werden können. Herr Prof. Dr. LEUTWEIN stellte aus der Meteoritensammlung des Instituts für Mineralogie der Bergakademie Freiberg eine Anzahl von Steinmeteoriten leihweise zur Verfügung und ließ Eisenmeteorite korrosionsfrei präparieren. Desgleichen stellte Herr Prof. Dr. HEIDE aus der Meteoritensammlung des Mineralogischen Institutes der Universität Jena Untersuchungsstücke bereit. Es sei allen an dieser Stelle für ihre Hilfe und ihr Entgegenkommen gedankt.

Das gleiche gilt auch für meine damaligen Mitarbeiter, Frau MARIA POEHNITZSCH, Frl. GUNDELA KALBE, Herrn stud. phys. NEUGEBAUER und Herrn Dipl.-Phys. BÖRNGEN, die bei der Durchführung der Experimente und der Reduktion und Auswertung der Messungen wesentliche Hilfe leisteten. Herr BÖRNGEN hat dabei den Messungsabschnitt über Albedowerte zum größten Teil allein und selbständig durchgeführt.

Experimentelle Aufgabe

Es sollte versucht werden, für jedes Einzelstück folgende optischen Materialkonstanten zu bestimmen:

1. Mittleres Reflexionsvermögen (Albedo),
2. Mittlere Phasenkurve,
3. Mittleres Polarisationsvermögen in Abhängigkeit vom Phasenwinkel.

Da die einzelnen Stücke von völlig unregelmäßiger Gestalt sind, war es von vornherein klar, daß man versuchen mußte, für den Körper jeweils einen Mittelwert für die 3 Charakteristika zu bestimmen. Die technisch einfachste Möglichkeit, solche Mittelwerte zu erhalten, besteht darin, daß man den einzelnen Meteoriten während der Untersuchung rasch rotieren läßt und jeweils bei den Messungen dann die optischen Effekte integrierte und gemittelt beobachtet. Diese Methode hat den Vorteil, daß sie den Verhältnissen im interplanetaren Raum weitgehendst Rechnung trägt. Denn nach den Untersuchungen von E. RABE [3] besteht große Wahrscheinlichkeit, daß die im interplanetaren Raum vorhandenen Einzelkörper ebenfalls rotieren.

Beschreibung der Versuchsanordnung und Durchführung der Versuche

Die Versuchsanordnung ist in ihren Grundzügen aus Abb. 1 zu ersehen. Man erkennt zunächst, daß ihr Aufbau in zwei getrennten Räumen vorgenommen wurde. Der Beleuchtungsraum enthält den reflektierenden Körper — das eigentliche

Objekt der Messung — und die Beleuchtungseinrichtung, die ihn mit parallelem Licht bestrahlt. Es wurde dazu der gleiche Beleuchtungsapparat verwandt, wie er bereits bei den erwähnten Untersuchungen an Wolken großer Partikel benutzt wurde und auf Seite 375/376 meiner zitierten Arbeit beschrieben ist. Er war an einem schwenkbaren Arm befestigt, dessen Drehpunkt genau in der Achse des in Rotation

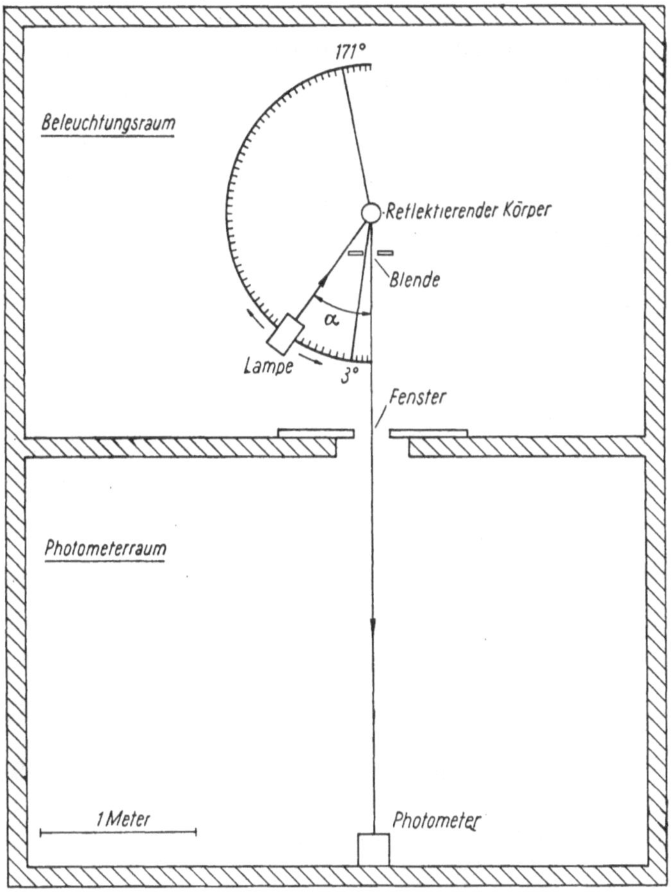

Abb. 1. Versuchsanordnung (schematisch)

versetzten reflektierenden Körpers lag. Der Schwenkbereich umfaßte auf dem horizontalen Photometertisch 177°. Aus der Abb. 1 erkennt man auch eindeutig die Definition des Phasenwinkels α, der der Winkel zwischen Beleuchtungsquelle, reflektierendem Körper und Photometer ist und zu dem in der Photometrie auch oft benutzten Streuwinkel ϑ durch die Beziehung $\alpha = 180° - \vartheta$ festgelegt ist. Der Beleuchtungsraum ist innen vollständig geschwärzt und durch eine Schiebetür gegen den Photometerraum abschließbar. Diese Schiebetür enthält ein kleines, in seinen Dimensionen und seiner Lage verstellbares Fenster, durch das man vom Photometerraum aus den reflektierenden Körper beobachten kann. Durch Einschaltung sorgfältig justierter Blenden in den Strahlengang konnte erreicht werden, daß jegliches Nebenlicht bei der Beobachtung des beleuchteten Körpers ausgeschaltet wurde, sodaß es unnötig war, den Hintergrund speziell mit zu messen. Entsprechende Stichproben zeigten, daß der durch das Fenster frei gelassene Hintergrund der Helligkeit eines absolut schwarzen Körpers entsprach.

Im Photometerraum, der ebenfalls völlig verdunkelt werden konnte, befand sich ein von Herrn Ing. WALLIS gebautes lichtelektrisches Photometer. Es war mit einem Vervielfacher vom Typ 1P21 ausgestattet, auf den durch ein Objektiv Biotar 1:2/100 mm und eine Zylinderlinse das Bild des reflektierenden Körpers so abgebildet wurde, daß die ganze Kathodenfläche ausgeleuchtet war. Zwischen Zylinderlinse und Objektiv befand sich ein Depolarisator nach Lyot und ein Filterrevolver, der außer einigen Filtern eine konstante Vergleichlichtquelle enthielt (radioaktive Leuchtscheibe). Wir führten die Messungen in 3 Spektralbereichen durch: Einmal im integrierten Licht der Beleuchtungslampe, modifiziert durch die spektrale Empfindlichkeitskurve des Vervielfachers samt der optischen Zusatzapparatur des Photometers. Zum andern wurden Filter UG 3 und OG 4 von 2 mm Dicke wahlweise dazugeschaltet. Die Empfindlichkeitsverteilung der 3 Bereiche ist aus Abb. 2 zu ersehen. Sie wurde von Dipl.-Phys. BÖRNGEN berechnet. Zum optischen Teil des Photometers gehört

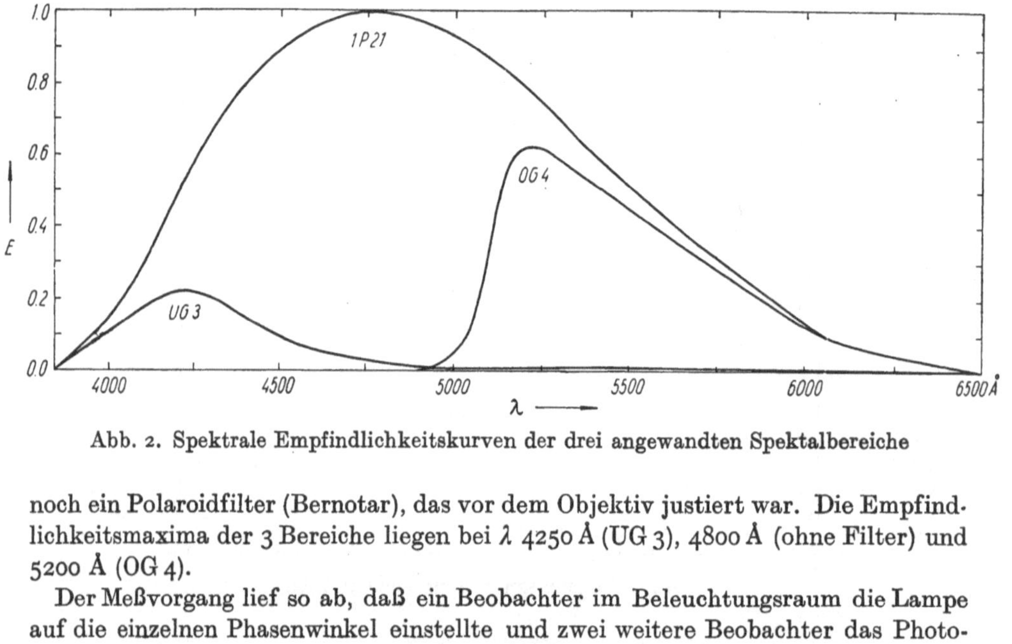

Abb. 2. Spektrale Empfindlichkeitskurven der drei angewandten Spektalbereiche

noch ein Polaroidfilter (Bernotar), das vor dem Objektiv justiert war. Die Empfindlichkeitsmaxima der 3 Bereiche liegen bei λ 4250 Å (UG 3), 4800 Å (ohne Filter) und 5200 Å (OG 4).

Der Meßvorgang lief so ab, daß ein Beobachter im Beleuchtungsraum die Lampe auf die einzelnen Phasenwinkel einstellte und zwei weitere Beobachter das Photometer bedienten, das mit einem Multiflexgalvanometer verbunden war. Die ganze Photometeranordnung war sehr genau auf Proportionalität geprüft und erwies sich im vorkommenden Helligkeitsbereich von über 5 Größenklassen als praktisch konstant. Der reflektierende Körper wurde bei den Messungen in rasche Rotation versetzt. Er war am Kopf einer Winkelbohrmaschine befestigt, die eine Umdrehungszahl von 660 pro Minute lieferte. Die Zeitkonstante des Aufnahmeapparates gestattete bei dieser Umdrehungsgeschwindigkeit noch exakt die Messung photometrischer Mittelwerte der rotierenden Körper.

Der meßbare Phasenwinkelbereich war durch die geometrischen Dimensionen der Experimentieranordnung und aus mechanischen Gründen eingeschränkt zwischen Phasenwinkeln von 6° bis maximal 173°.

Prinzipiell sei noch bemerkt, daß die Meteoriten in ganz verschiedenen Lagen versuchsweise auf die Rotationsachse aufgespannt wurden. Es zeigte sich dabei, daß die individuellen Phasenkurven und auch Polarisationskurven völlig unabhängig von der Rotationsachse sind, sondern nur durch die optische Struktur der Oberfläche der einzelnen Meteorite bedingt sind. Es brauchte daher bei den endgültigen Messungen ein Lage-Effekt nicht berücksichtigt zu werden. Das beobachtete optische Verhalten der einzelnen Stücke ist wirklich polytrop und von der Lage im Raum unabhängig.

Das Untersuchungsmaterial

Das vorhandene Material umfaßte 13 Steinmeteorite und 3 Eisenmeteorite.

Bei den Steinmeteoriten handelt es sich um Bruchstücke mit Dimensionen in dem Größenbereich von 2 bis 8 cm. Sie sind von unregelmäßiger Gestalt und zeigen keinerlei Schmelzrinden. Teile vorhandener Schmelzrinden am Meteorstein von Simmern wurden bei der Einspannung des Körpers auf die Rotationsachse so gelegt, daß sie nicht vom Beleuchtungsbündel getroffen wurden. Die Bruchflächen zeigten nur geringe Spuren von Verwitterung, teilweise erschienen sie absolut frisch und dürften den interplanetaren Oberflächen optisch entsprechen. Zu den 3 Eisenmeteoriten ist folgendes zu bemerken: Der Meteorit von Sichote Alin (6 cm Längsachse) ist ein Bruchstück eines großen Eisenklumpens, der durch Inhomogenitäten sich beim Aufschlagen auf den Boden als fragil erwies und in Stücke zersprang. Diese Stücke bohrten sich teilweise tief in den Boden ein und blieben so vor Verwitterung geschützt. Das untersuchte Stück war noch mit einer dünnen, trockenen Lösschicht bedeckt, die offensichtlich die wahre Oberfläche ausgezeichnet konserviert hat. Nach trockenem Abbürsten kam eine schöne mattglänzende Oberfläche zum Vorschein. Sie dürfte — auch nach Meinung von Herrn Dr. KRINOW — dem interplanetaren Zustand entsprechen.

Ein Gegenstück dazu ist der Eisenmeteorit von Xiquipilco, Toluca, (12 cm Längsachse) der mit einer bräunlichen Oxydschicht bedeckt war. Es wurde daraufhin die eine Hälfte mit Sandstrahlgebläse gesäubert, wobei eine metallschimmernde (nicht glänzende) Oberfläche zum Vorschein kam. Der Meteorit wurde in beiden Zuständen gemessen.

Das Meteoreisen von Lenarto wiederum war eine aus einem größeren Block herausgesägte Säule von vierkantiger Form. Sie wurde in 3 verschiedenen Zuständen der Oberfläche gemessen. Zunächst war diese auf Hochglanz poliert. Dann wurde sie mit Sandstrahl aufgerauht und schließlich wieder auf matten Glanz poliert. Für alle 3 Phasen wurden verschiedenen Messungsreihen durchgeführt, die verschiedene charakteristische Ergebnisse zeigen.

Über die charakteristischen, insbesondere mineralogischen Daten der einzelnen Meteoriten hat mir Frau L. KWASCHA vom Meteoritenkomitee der Akademie der Wissenschaften der UdSSR freundlicherweise einen genauen Bericht zur Verfügung gestellt, der hier auszugsweise wiedergegeben sei.

1. Steinmeteorit von Saratov. Gefallen am 6. Oktober 1918 in UdSSR. Klassischer Chondrit. Die Hauptmasse besteht aus Chondren von Olivin, rhombischem Pyroxen und Beimischung von Glas und undurchsichtigen Mineralien. Die Struk-

turen der Chondren sind verschieden. Die Masse zwischen den Chondren besteht hauptsächlich aus Nickel-Eisen, Troilit und Olivin. Insgesamt ist die mineralische quantitative Zusammensetzung ungefähr die folgende in Gewichtsprozenten: Olivin, Pyroxen (und Glas) 85.5%, Nickel-Eisen 9.8%, Troilit 3.9%, Chromit 0.5%.
Spezifisches Gewicht: 3.48

2. Steinmeteorit von Kunaschak. Gefallen am 2. Juni 1949 in UdSSR. Kristallinischer Chondrit. Er besteht aus einer grauen und schwarzen Abart. Es wurde die graue Abart photometrisch untersucht, die mit dünnen schwarzen Adern durchsetzt ist. Die primäre chondrische Struktur des Meteoriten ist rekristalliert, doch die Spuren der Strukturen der Chondren sind erhalten. Mineralogische quantitative Zusammensetzung in Gewichtsprozenten: Olivin, rombischer Pyroxen (und Beimischung von Maskelynit) 82%, Nickel-Eisen 12%, Troilit 6%, Chromit 0.8%.
Spezifisches Gewicht: 3.45

3. Steinmeteorit von Norton County. Gefallen am 18. Februar 1948 in USA. Der größte der bis jetzt gefallenen Meteorsteine, in viele Stücke zersprungen. Nach seiner Struktur und mineralischen Zusammensetzung gehört er zu den Achondriten. Besteht hauptsächlich aus großen Kristallen von Enstatit und Beimischung von Olivin, Plagioklas, Nickel-Eisen, Troilit und Schreibersit. Mineralogische quantitative Zusammensetzung in Gewichtsprozenten: Enstatit 88%, Olivin 9%, Nickel-Eisen, Troilit und Schreibersit 2—3%.
Spezifisches Gewicht von Enstatit: 3.18

4. Steinmeteorit von Nikolskoje. Gefallen am 6. März 1954 in UdSSR. Hellgrauer und sehr lockerer Chondrit. Die Chondren (mittlerer Durchmesser von 0.3 bis 3—4 mm und einige bis 16 mm) verschiedener Struktur bilden 80 bis 90% des Volumens des Meteoriten. Oft sind sie miteinander vereinigt. Ihre Hauptmineralien sind Olivin und Bronzit. Beimischung von Nickeleisen, Troilit usw. Die Grundmasse zwischen den Chondren besteht aus Körnern von Nickeleisen, Troilit und Splittern von Silikaten (Olivin, Bronzit), die an einigen Stellen wie gebacken erscheinen. Mittlerer quantitativer Mineralbestand in Gewichtsprozenten: Olivin 70.0%, Nickeleisen (Kamazit und Taenit) 9.7%, Chromit 0.1% sowie kleine Beimischungen von saurer Plakioglas, etc.
Spezifisches Gewicht: 3.35

5. Steinmeteorit von Elenovka. Gefallen am 17. Oktober 1951 in UdSSR. Sehr heller grauer Chondrit. Die Chondren (0.1 bis 5 mm Durchmesser) sind zahlreich, und man kann sie vom Meteoriten leicht loslösen. Sie sind aus Olivin, Pyroxen und Beimischungen von undurchsichtigen Mineralien (hauptsächlich Nickeleisen und Troilit) sowie kristallisiertem Glas etc. aufgebaut. Die körnige Grundmasse besteht aus denselben Silikaten, Nickeleisen, Troilit und Beimischung sauerer Plakioglas und zeigt eine Struktur von Rekristallisation. Daher ist der Meteorit zu den kristallinischen Chondriten zu zählen, obwohl er sehr bröcklig ist. Die undurchsichtigen Mineralien bilden etwa 10 Volumenprozent.
Spezifisches Gewicht: **3.66**

6. Steinmeteorit von Zhovtnevji Khutor. Gefallen am 9. Oktober 1938 in UdSSR. Grauer dichter kristallinischer Chondrit. Kristallinisches Aggregat aus Olivin und Pyroxen, Nickeleisen, Troilit und Beimischung von sauerem Plakioglas, in welchem klare Spuren von zahlreichen Chondren verschiedener Struktur sich

unterscheiden lassen. Die Chondren sind hauptsächlich aus Silikaten aufgebaut. Die undurchsichtigen Mineralien bilden etwa 20 Gewichtsprozent.
Spezifisches Gewicht: nicht angegeben.

7. Steinmeteorit von Pervomaiskij Posjelok. Gefallen am 26. Dezember 1933 in UdSSR. Dichter kristallinischer Chondrit breccienartiger Struktur, der aus zwei Abarten — hell und dunkel — besteht.

a) Die helle Abart bildet die Hauptmasse des Meteoriten, ist mit schwarzen Adern stellenweise durchsetzt und ist durch eine scharfe, aber unregelmäßige Grenze von der dunklen Abart getrennt. Sie hat die Struktur eines rekristallisierten Chondriten, doch sind die zahlreichen Chondren gut zu unterscheiden. Die mittlere quantitative mineralische Zusammensetzung in Volumprozenten ist die folgende: Hypersten und Olivin 90.88%, Maskelynit 2.57%, Nickeleisen 2.96%, Troilit 2.80%, Chromit 0.79%.
Spezifisches Gewicht: keine Angaben.

b) Die dunkle, schwarze Abart ist nach ihrer mineralogischen und chemischen Zusammensetzung der hellen sehr ähnlich, doch die Struktur ist eine andere. Die chondritische Struktur ist schlechter ausgebildet, und die ganze Masse ist reich von schwarzer, undurchsichtiger Masse durchsetzt. Die schwarzen Adern sind aus denselben Substanzen unter Beimischung von dunklem Glas aufgebaut.
Spezifisches Gewicht: keine Angaben.

Man kann zeigen, daß sich die schwarze Art aus der helleren durch teilweises Umschmelzen gebildet hat.

8. Steinmeteorit von Orlovka. Gefunden 1828 in UdSSR. Oxydierter kristallinischer Chondrit. Der dunkelbraune dichte Meteorit ist von körniger Struktur. Die einzelnen Chondren bilden etwa 9% des Gesamtvolumens. Mittlerer quantitativer Mineralbestand in Gewichtsprozenten: Olivin und Pyroxen 81.30%, Nickeleisen 14.60%, Troilit 3.74%, Chromit 0.30%.
Spezifisches Gewicht: 3.69.

9. Steinmeteorit von Sevrukovo. Gefallen am 11. Mai 1874 in UdSSR. Dichter schwarzer Chondrit. Er ist breccienartig und besteht aus dunklen und hellgrauen Abarten, die bis zu dunklen, fast schwarzen Abarten übergehen können. Es wurde ein schwarzes Stück photometrisch untersucht. Es besteht aus Silikatchondren verschiedener Strukturen, einigen Splittern von Olivin- und Pyroxenkristallen, sowie Körnern von Nickeleisen und Troilit, die sich in einer undurchsichtigen, dünnen Masse befinden. Quantitativer Mineralbestand in Volumenprozenten: Silikate 93.3%, Nickeleisen 4.4%, Troilit (in Körnern) 0.3%, Staub aus Troilit, Nickeleisen und Iozit (FeO) 4%, Chromit 0.2%.

Es ist denkbar, daß die schwarze Meteoritmasse durch die Erwärmung der helleren entstanden ist.
Spezifisches Gewicht: keine Angaben.

10. Steinmeteorit von L'Aigle. Gefallen am 26. April 1803 in Frankreich. Grauer, geaderter, kristallinischer Chondrit mit breccienartiger Struktur. Der Meteorit ist dicht, die Farbe ist nicht gleichartig. Die zahlreichen Chondren sind von der Grundmasse nicht trennbar. Die Mineralien der Chondren sind hauptsächlich Bronzit und Olivin. Außer den Silikaten bilden in der Grundmasse Nickeleisen und Troilit ungefähr 8 Gewichtsprozente.
Spezifisches Gewicht: keine Angabe.

11. Steinmeteorit von Simmern. Gefallen am 1. Juli 1920 in Deutschland. Weißer Chondrit. Eisenreich mit zahlreichen Chondren in einer aus Olivin, rhombischem Pyroxen und undurchsichtigen Mineralien bestehenden Grundmasse.
Spezifisches Gewicht: keine Angaben.

12. Steinmeteorit von Cabezo de Mayo. Gefallen am 18. August 1870 in Spanien. Typischer weißer Chondrit. Die undurchsichtigen Mineralien bilden etwa 15 Gewichtsprozent. Die Silikate der Grundmasse und der Chondren setzen sich hauptsächlich aus Pyroxen und Olivin zusammen.
Spezifisches Gewicht: keine Angaben.

13. Eisenmeteorit von Xiquipilco, Toluca. Seit 1776 in Mexico bekannt. Oktaedrit mit mittleren bis großen Lamellen. Die Widmanstättenschen Figuren sind sehr schön ausgedrückt. Lamellen von Kamazit, die parallel der Flächen des Oktaeders orientiert sind und von Taenit umhüllt sind, bilden mit Plessitfeldern die Hauptmasse. Troilit in Knollen, Schreibersit, Graphit (Cliftonit), Daubréelith als Beimischungen. Ni-Gehalt in Nickeleisen schwankt von 7.5 bis 8.3 Gewichtsprozenten.
Spezifisches Gewicht: keine Angaben.

14. Eisenmeteorit von Lenarto. Gefunden 1814 in der Tschechoslowakei. Oktaedrit mit mittleren Lamellen. Mineralbestand: Kamazit in Lamellen (Balkeneisen), Taenit (Bandeisen), Plessit (Fülleisen). Die oktaedrische Struktur ist gut ausgedrückt. Als Beimischung kleine Knollen von Troilit. Ni-Gehalt 8.58%. Das photometrisch untersuchte Stück ist eine herausgeschnittene Vierkantsäule.
Spezifisches Gewicht: keine Angaben.

15. Eisenmeteorit von Sichote Alin. Gefallen am 12. Februar 1947 in UdSSR. Oktaedrit mit sehr großen (größten) Lamellen. Das Nickeleisen ist hauptsächlich als Kamazit vertreten. Taenit überall in kleinen Mengen zusammen mit Plessit beigemischt. Weitere Beimischungen von Phosphiden (Schreibersit und Rhabdit), Troilit und Chromit. Mittlere quantitative mineralische Zusammensetzung in Gewichtsprozenten: Nickeleisen (Kamazit, Rhabdit, Taenit, Plessit) 98.3%, Schreibersit 1.40%, Troilit (plus Chromit) 0.30%.
Spezifisches Gewicht: keine Angaben.

Ergebnisse

a) Polarisationsvermögen in Abhängigkeit vom Phasenwinkel

Die Abb. 3 bis 15 zeigen die Polarisationskurven (Abhängigkeit des Polarisationsgrades des reflektierten Lichtes vom Phasenwinkel) für die untersuchten Steinmeteoriten. Die Abb. 16 bis 21 vermitteln das Gleiche für Eisenmeteoriten. Der Polarisationsgrad ist dabei in herkömmlicher Weise wie folgt definiert. Für jeden beobachteten Phasenwinkel α wurde die Intensität des reflektierten Lichtes in zwei verschiedenen Stellungen des Polaroides gemessen, die zueinander senkrecht liegen: einmal parallel zur Visionsebene (Stellung 0° und 180° mit gemessenen Intensitäten I_0 und I_{180}), zum andern senkrecht zur Visionsebene (Stellung 90° mit gemessener Intensität I_{90}). Alle Kontrollmessungen ergaben, daß die Polarisationsebene des reflektierten Lichtes sich genau mit der Visionsebene deckt.

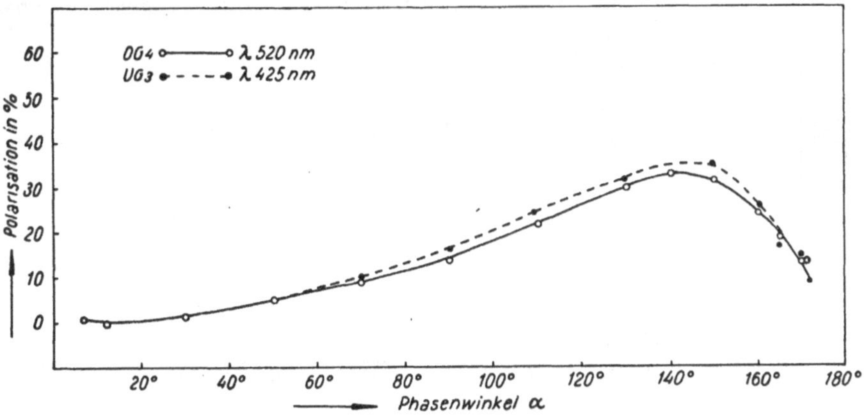

Abb. 3. Meteorstein von Saratov

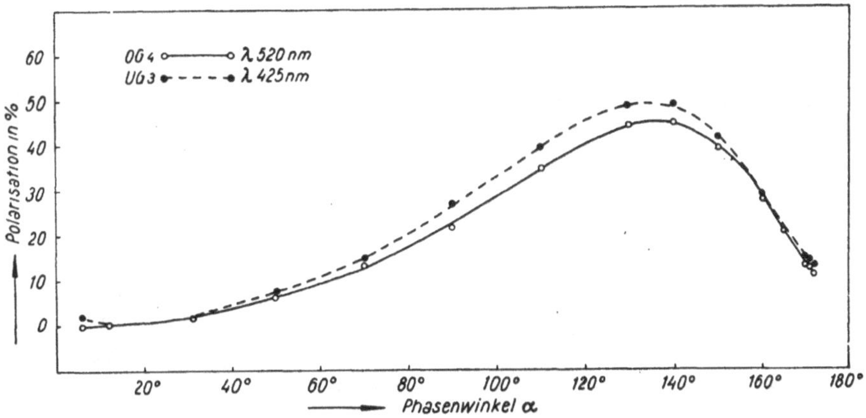

Abb. 4. Steinmeteorit von Kunaschak

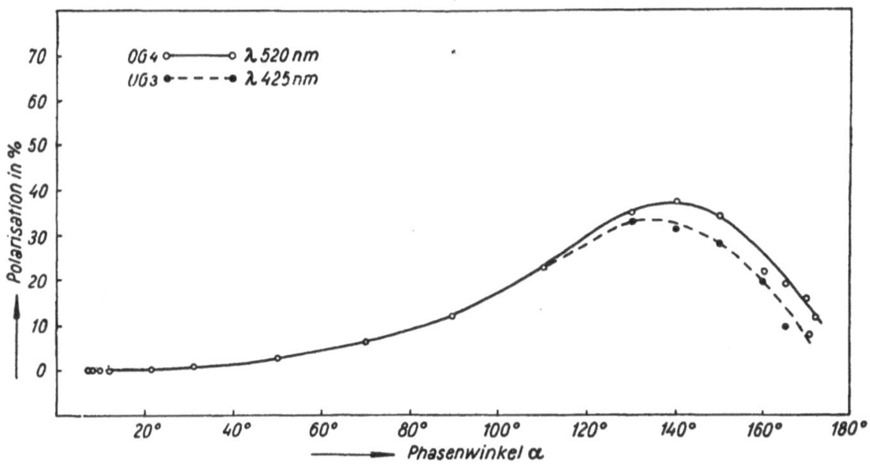

Abb. 5. Steinmeteorit von Norton County

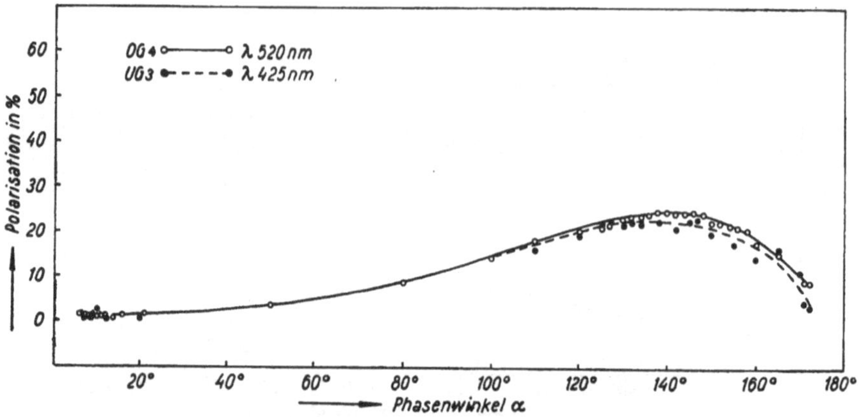

Abb. 6. Steinchondrit von Nikolskoje

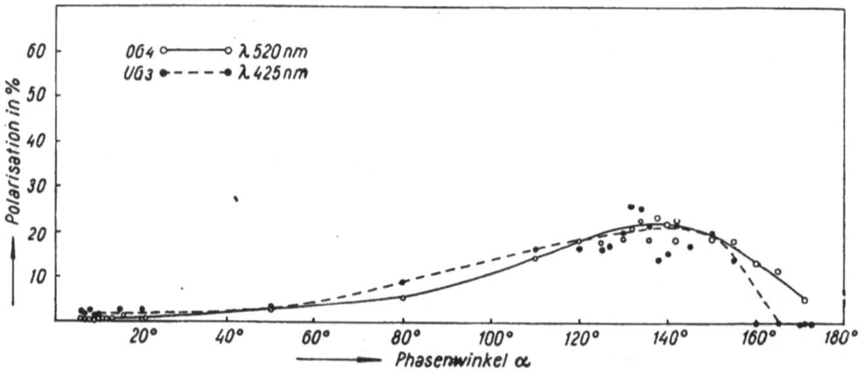

Abb. 7. Steinchondrit von Elenovka

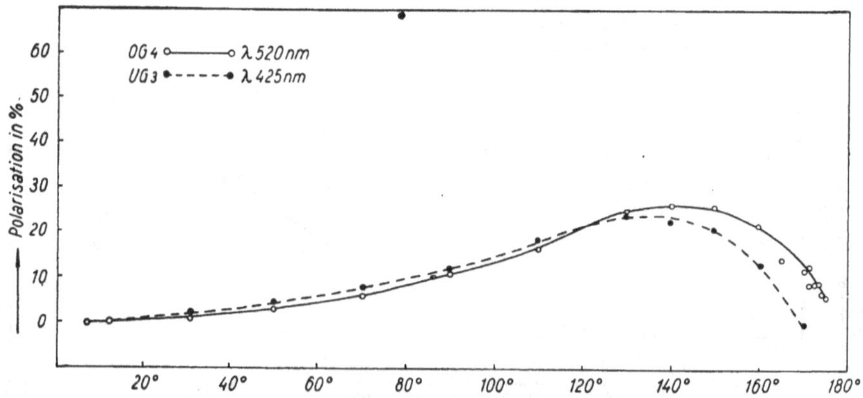

Abb. 8. Steinmeteorit von Zhovtnevji-Khutor

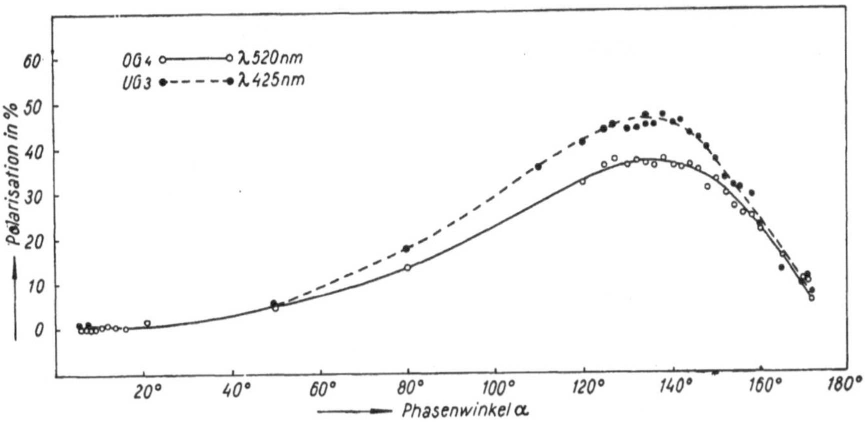

Abb. 9. Steinmeteorit von Perwomaiskij Posjelok, hell

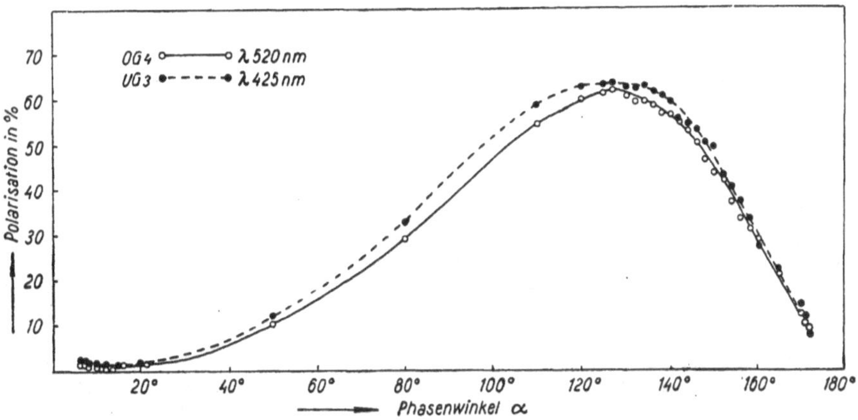

Abb. 10. Steinmeteorit von Perwomaiskij Posjelok, dunkel

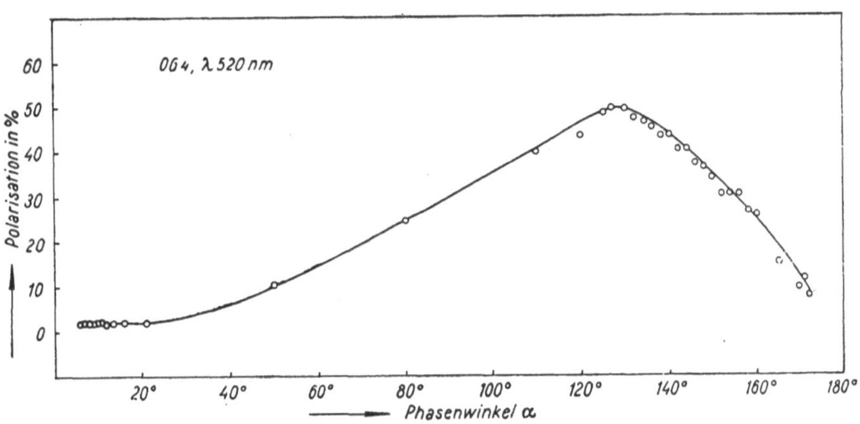

Abb. 11. Steinmeteorit von Orlovka

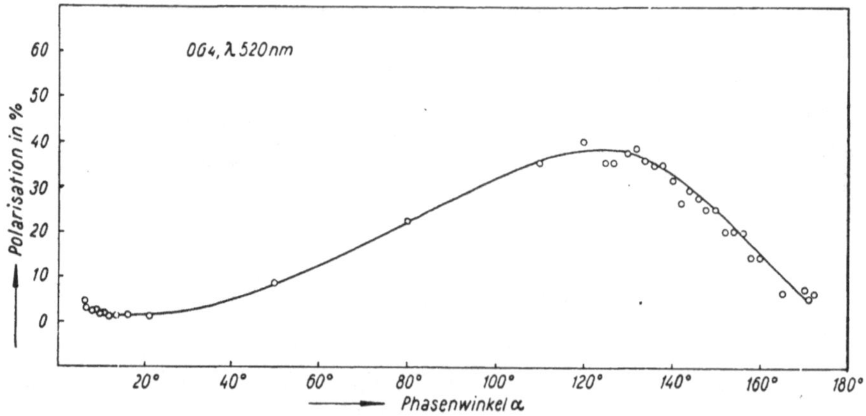

Abb. 12. Steinchondrit von Sevrukovo

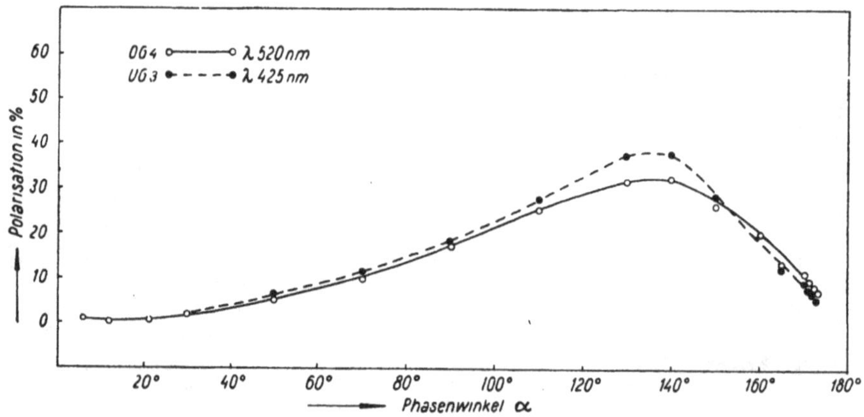

Abb. 13. Steinmeteorit von L'Aigle (Normandie)

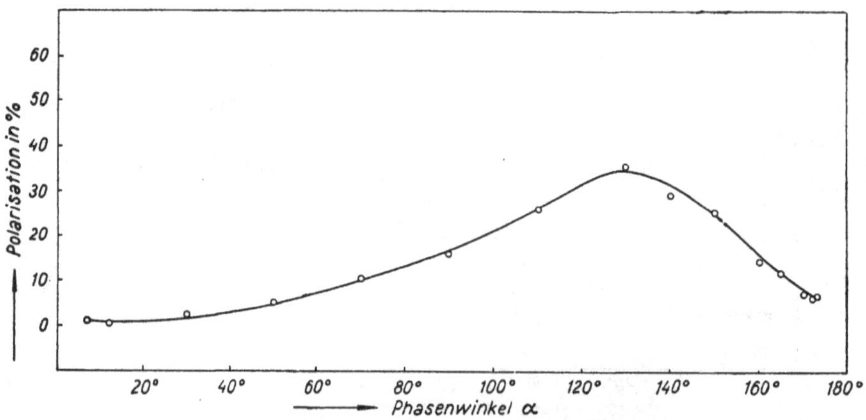

Abb. 14. Steinmeteorit von Simmern (Hunsrück)

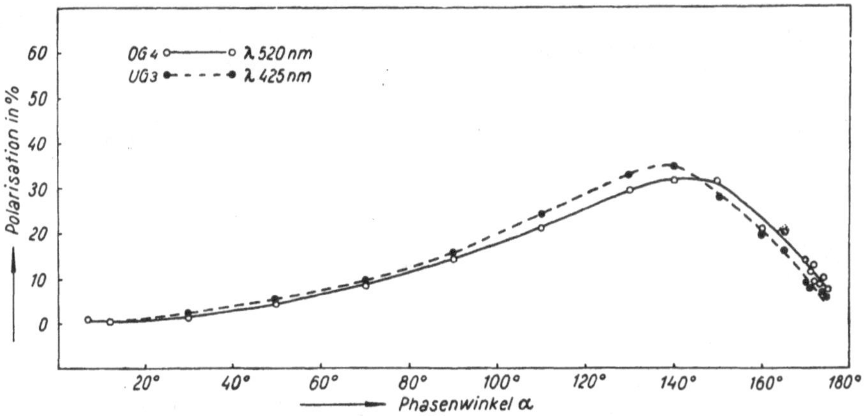

Abb. 15. Steinmeteorit von Cabezo de Mayo

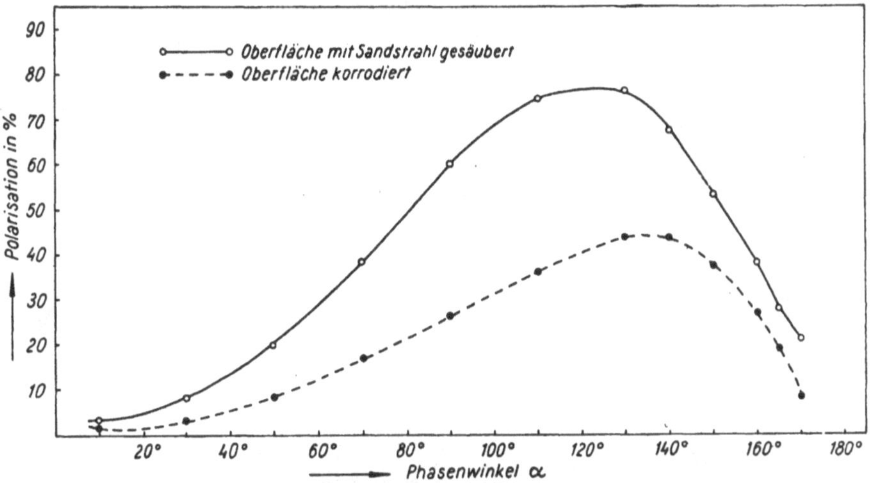

Abb. 16. Eisenmeteorit von Xiquipilco, Toluca

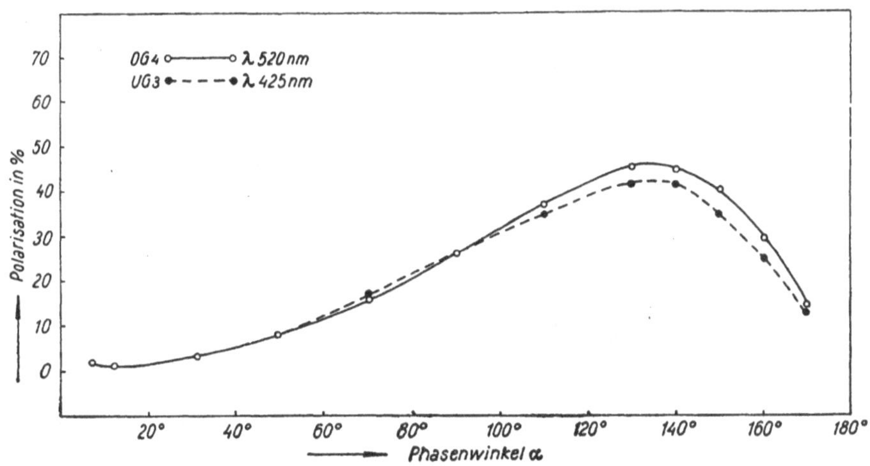

Abb. 17. Eisenmeteorit von Xiquipilco, Toluca

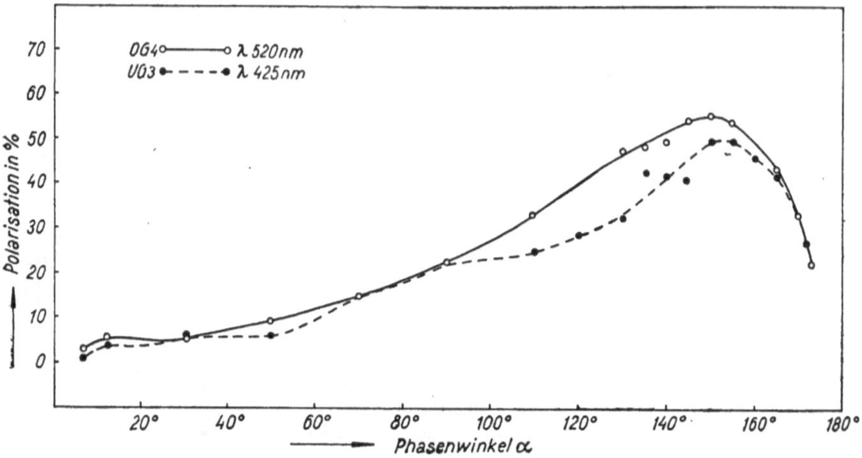

Abb. 18. Eisenmeteorit von Lenarto, poliert, hochglanz

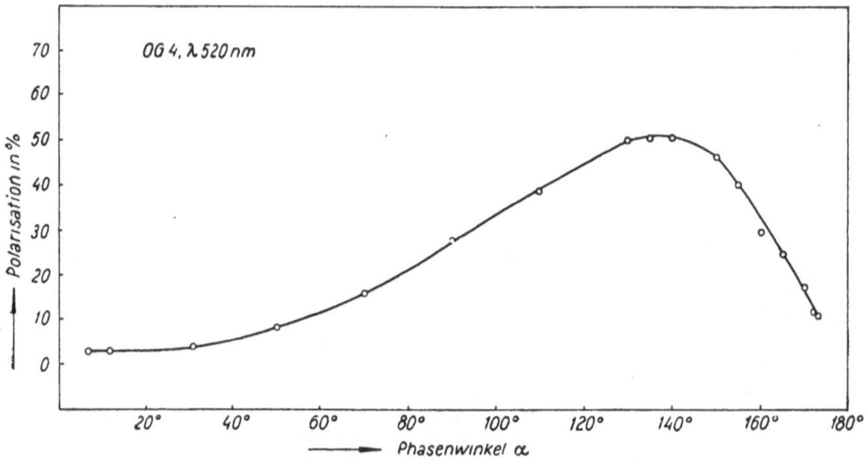

Abb. 19. Eisenmeteorit von Lenarto mit Sandstrahlgebläse aufgerauht

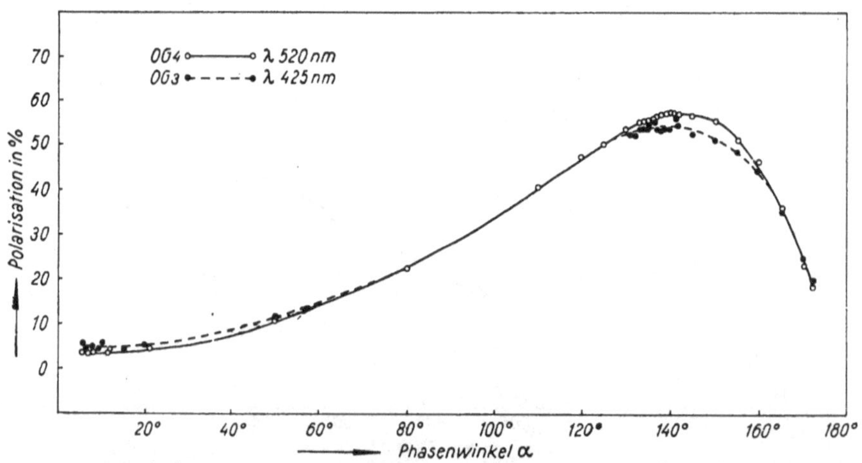

Abb 20. Eisenmeteorit von Lenarto, erneut poliert, aber nicht hochglanzpoliert

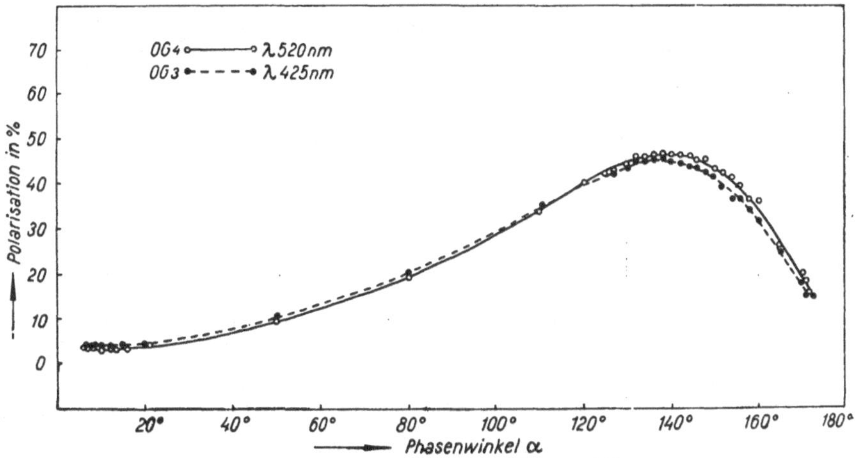

Abb. 21. Eisenmeteorit von Sichote Alin

Der Polarisationsgrad $P\%$ ist durch die Beziehung definiert:

$$\frac{\frac{I_0 + I_{180}}{2} - I_{90}}{\frac{I_0 + I_{180}}{2} + I_{90}} = P\% .$$

Die in den Abbildungen eingetragenen Punkte bzw. Kreise sind reelle Meßpunkte. Man erkennt, wie sicher sich im allgemeinen die Kurven zeichnen lassen. Eine Ausnahme bildet der Steinmeteorit von Elenovka, der das geringste Polarisationsvermögen aufweist.

In der Nähe des Polarisationsmaximums wurden die Meßpunkte gehäuft, um den Winkel der maximalen Polarisation sicherer bestimmen zu können.

In den Fällen, wo in 2 Wellenlängenbereichen gemessen werden konnte, ergeben sich für Steinmeteoriten die Polarisationsgrade bei kürzeren Wellenlängen im Phasenwinkelbereich von 50° bis 140° im allgemeinen etwas höher. Zwischen 140° und 170° verschwindet dieser Effekt oder kehrt sich sogar um.

Bei den Eisenmeteoriten scheint nur der letztere Fall zu gelten. Jedoch ist hier die Zahl der Kurven zu gering, um Genaueres sagen zu können.

In den Tabelle I und II sind die Ergebnisse der Polarisationskurven noch einmal nach bestimmten Gesichtspunkten zusammengefaßt. Es werden für jeden photometrierten Körper der Maximalwert der gemessenen Polarisation P_{max} für die einzelnen Wellenlängenbereiche angegeben, ferner der Phasenwinkel α, bei dem dieser Maximalwert den Kurven entnommen wurde.

Man erkennt, daß die Polarisationsmaxima ganz beträchtliche Werte bis zu 60% annehmen können. Der Wert von 76% für Eisenmeteorit Nr. 1 ist nicht in Betracht zu ziehen, da seine Oberfläche keinesfalls dem interplanetaren Zustand entspricht. Im Mittel sind die Polarisationsmaximalwerte für Eisenmeteoriten eindeutig höher als für Steinmeteoriten. Auch die Phasenwinkel maximaler Polarisation sind größer als zu erwarten war (höherer Brechungsindex). Bemerkenswert erscheint, daß sich bei diesen Mittelwerten keine Abhängigkeit vom Wellenlängenbereich zeigt.

Wenn man auf Grund dieser Befunde eine mittlere (typische) Polarisationskurve für Meteoriten angeben will, so würde man für Steinmeteoriten auf Abb. 5 verweisen, für Eisenmeteoriten auf Abb. 19.

Tabelle I

Nr.	Steinmeteoriten	P_{max} % 520 nm (OG 4)	α°	P_{max} % 425 nm (UG 3)	α°	P_{max} % 480 nm (ohne Filter)	α°
1	Saratov	33	140	35	150	—	—
2	Kunaschak	44	140	48	135	—	—
3	Norton County	37	140	33	135	—	—
4	Nikolskoje	25	140	23	137	—	—
5	Elenovka	22	137	21	142	—	—
6	Zhovtnevji-Khutor	27	140	24	133	—	—
7	Perwomaiskij Posjelok hell	37	135	46	135	—	—
8	Perwomaiskij Posjelok dunkel	62	127	63	127	—	—
9	Orlovka	49	129	—	—	—	—
10	Sevrukovo	38	125	—	—	—	—
11	l'Aigle	32	140	38	135	—	—
12	Simmern	—	—	—	—	35	130
13	Cabezo de Mayo	31	145	35	138	—	—
	Mittel	36.4	136.5	36.6	136.7		

Tabelle II

Nr.	Eisenmeteoriten	P_{max} % 520 nm (OG 4)	α°	P_{max} % 425 nm (UG 3)	α°	P_{max} % 480 nm (ohne Filter)	α°
1	Xiquipilco, Toluca mit Sandstrahl gesäubert	—	—	—	—	44	135
	Xiquipilco, Toluca korrodiert	45	133	41	135	76	125
2	Lenarto, hochglanz	55	150	50	152	—	—
	Lenarto, mit Sandstrahl aufgerauht	51	140	—	—	—	—
	Lenarto, poliert	57	140	55	140	—	—
3	Sichote Alin	47	140	45	138	—	—
	Mittel	51.0	140.6	47.8	141.3		

b) *Typische Phasenkurven*

Die aus den photometrischen Kurven abgeleiteten typischen Phasenkurven sind für Steinmeteoriten in den Abb. 22 bis 34 und für Eisenmeteoriten in den Abb. 35 bis 40 wiedergegeben.

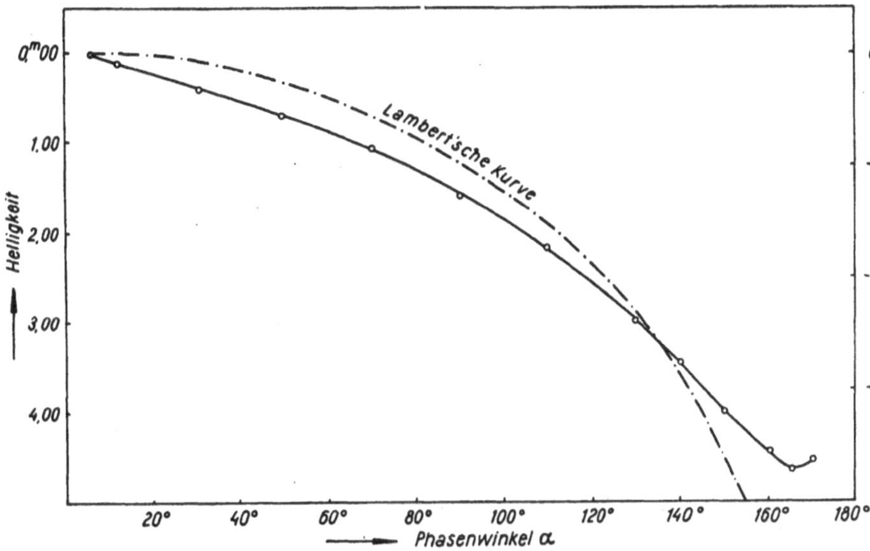

Abb. 22. Meteorstein von Saratov

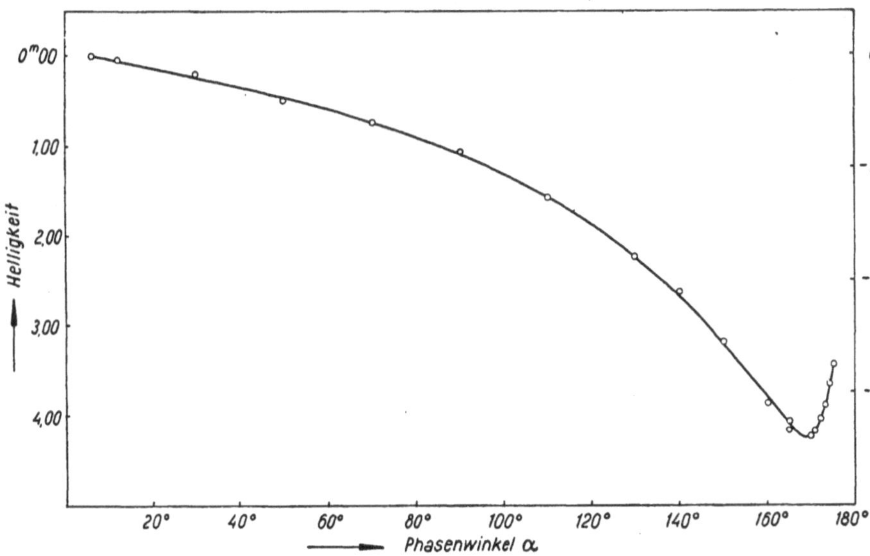

Abb. 23. Meteorstein von Kunaschak

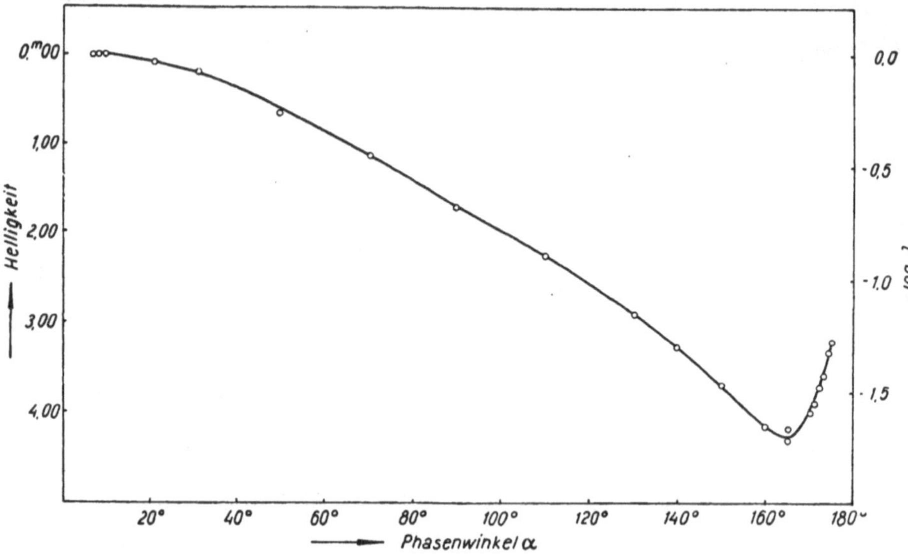

Abb. 24. Meteorstein von Norton County

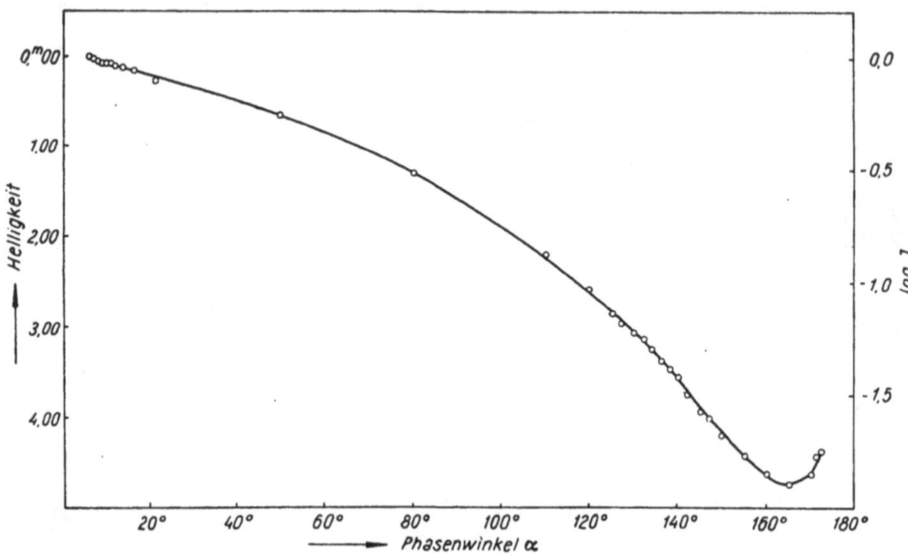

Abb. 25. Steinchondrit von Nikolskoje

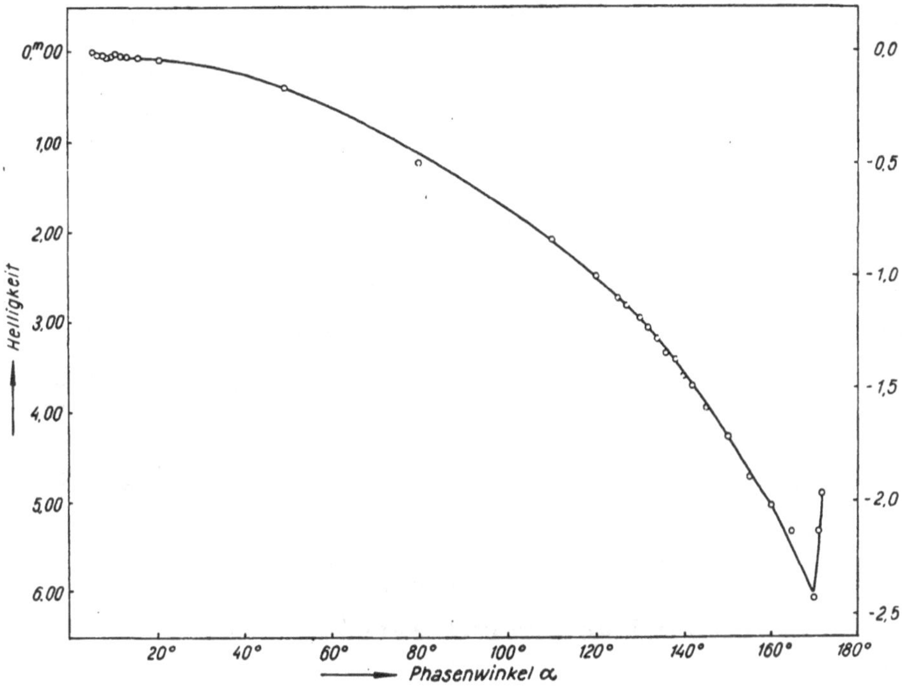

Abb. 26. Steinchondrit von Elenovka

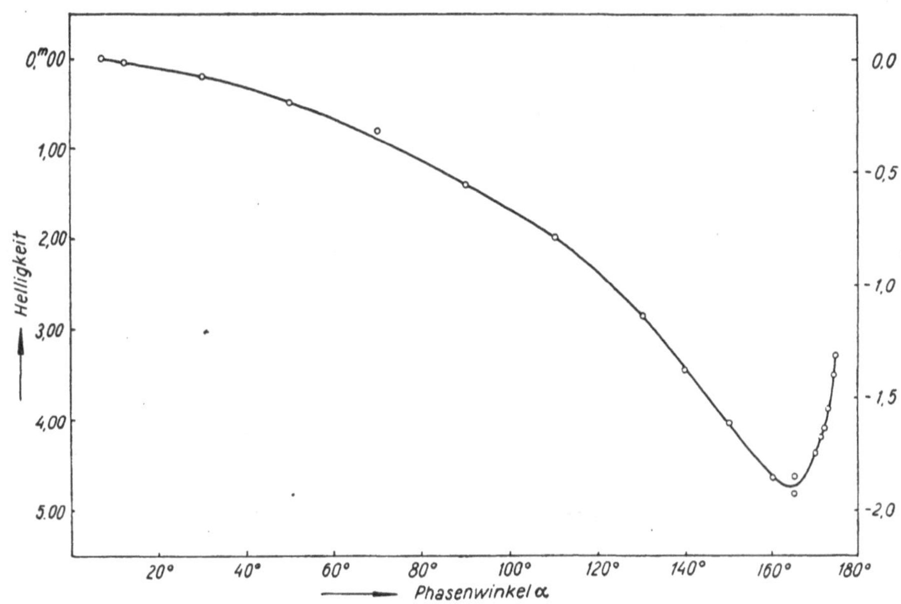

Abb. 27. Meteorstein von Żhovtnevji-Khutor

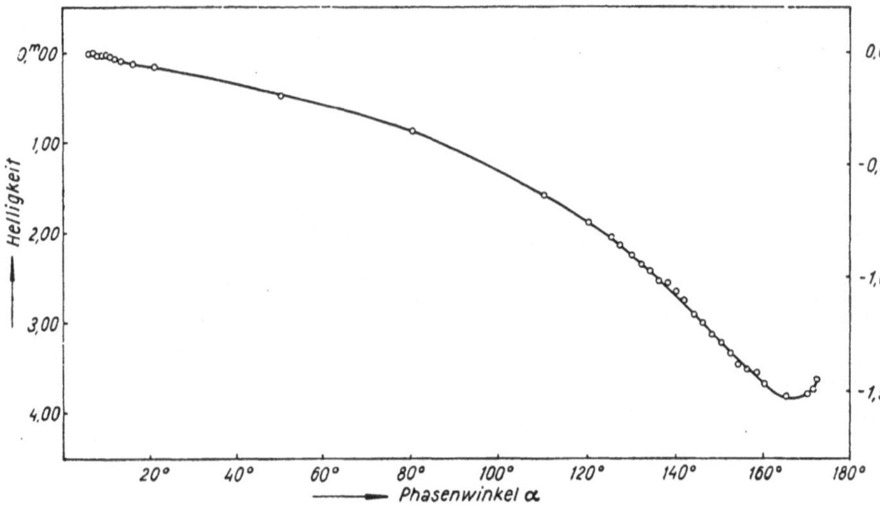

Abb. 28. Steinmeteorit von Perwomaiskij Posjelok, hell

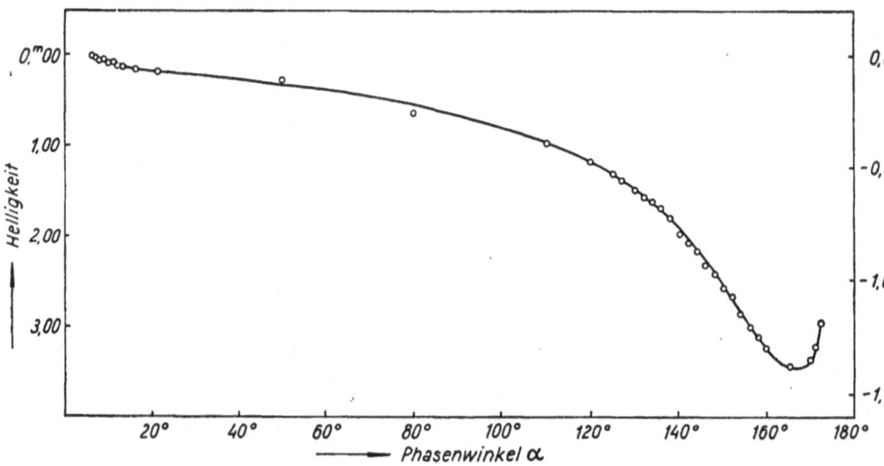

Abb. 29. Steinmeteorit von Perwomaiskij Posjelok, dunkel

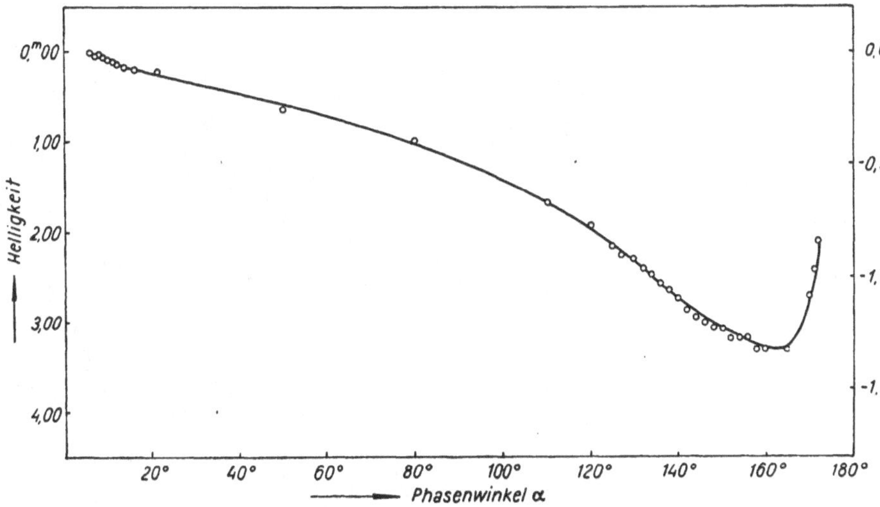

Abb. 30. Steinmeteorit von Orlovka

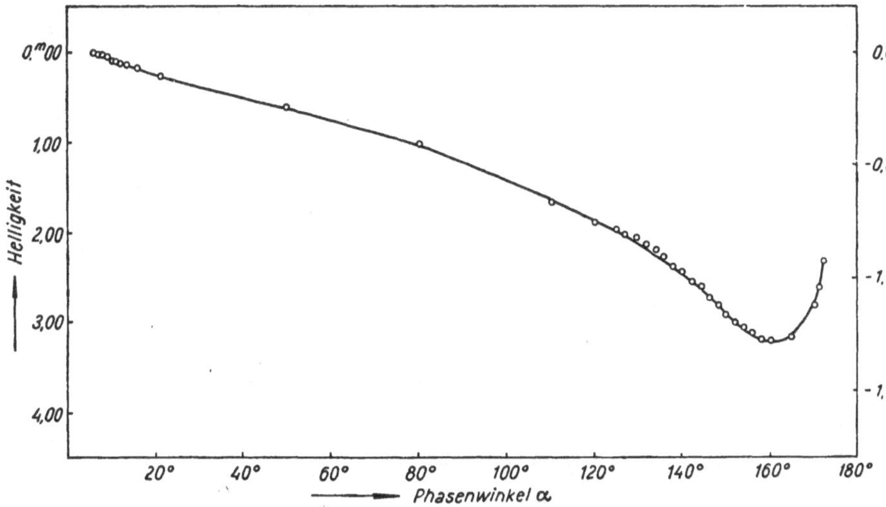

Abb. 31. Steinchondrit von Sevrukovo

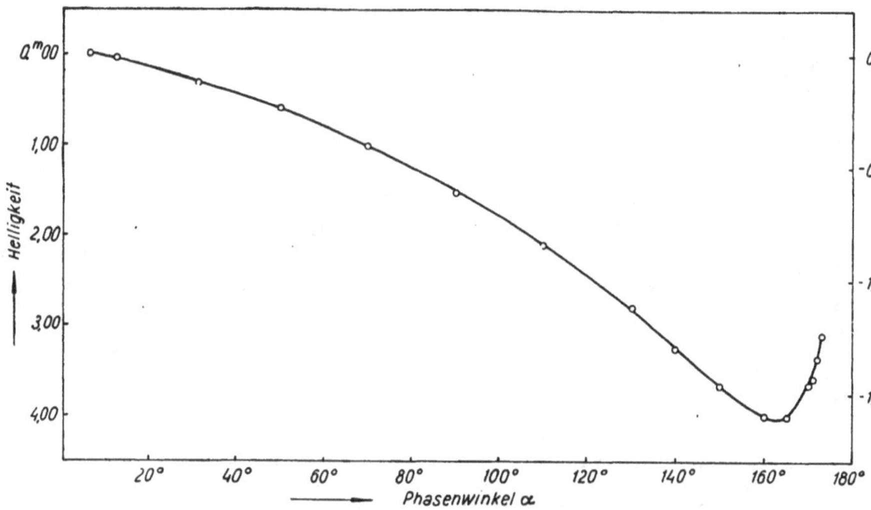

Abb. 32. Meteorstein von l'Aigle

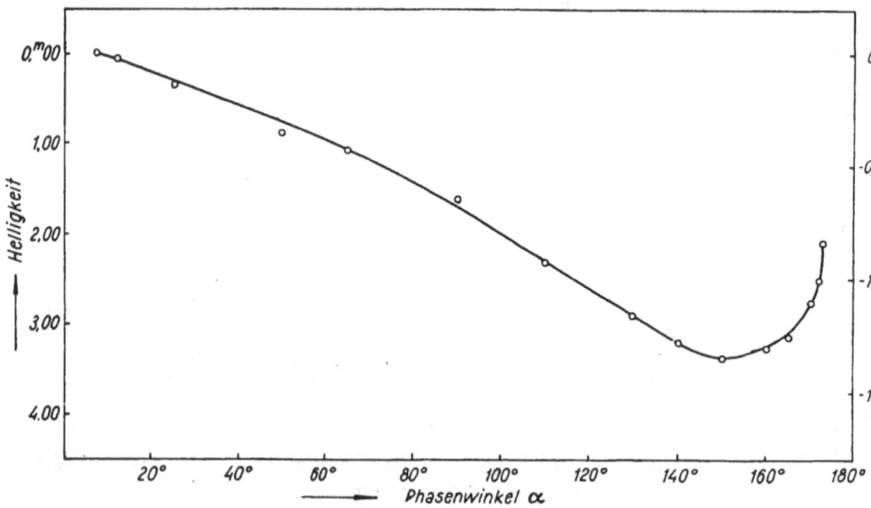

Abb. 33. Meteorstein von Simmern

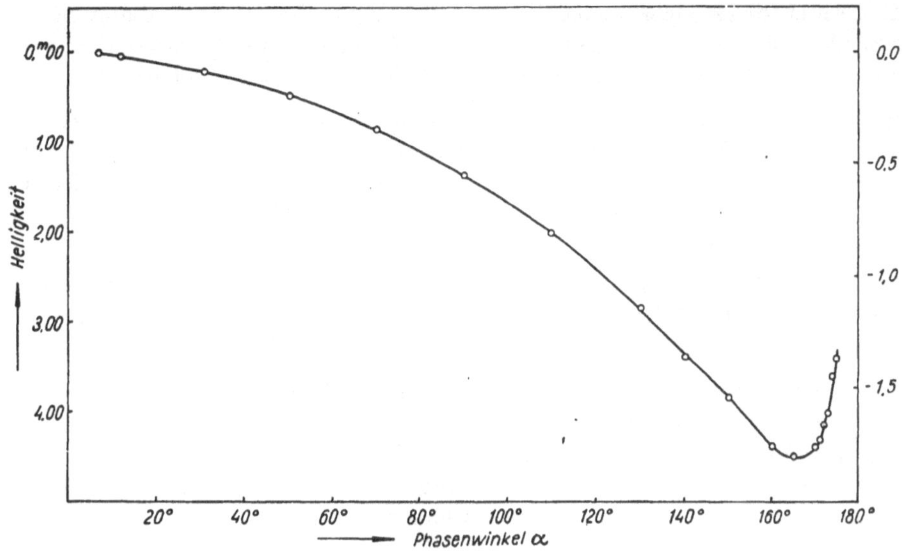

Abb. 34. Meteorstein von Cabezo de Mayo

Dem Nullpunkt wurde die Intensität 1 bzw. die Helligkeit $0^{m}.0$ zugeschrieben. Da die Apparatur nur Phasenwinkel bis zu 6° (minimal) zu messen gestattete, mußte der Nullpunkt in den Kurven auf diesen Winkel verlegt werden. Der absolute Nullpunkt der Phasenkurven ist daher exakt nicht bekannt. Er dürfte jedoch, wenn man die Kurven nach dem Phasenwinkel 0° extrapoliert und auch den weiter unten diskutierten „Oppositionseffekt" einkalkuliert, im Maximum höchstens um $0^{m}.25$ heller sein als der gewählte Nullpunkt bei 6°.

Ihre Duchsicht zeigt uns bei Steinmeteoriten einige charakteristische Merkmale. Zunächst schmiegen sich die Kurven bis auf eine Ausnahme nicht der Lambertschen Kurve der idealen diffusen Reflexion an, wie sie in den Abb. 22, 40 und 42 mit eingezeichnet ist. Bei Steinmeteoriten ist im Phasenwinkelbereich von 6° bis 120° der Helligkeitsabfall der Phasenkurven im allgemeinen wesentlich stärker als der der Lambertschen Kurve. Nur die Phasenkurve des Meteorsteines von Elenovka schließt sich — als Ausnahme — der theoretischen Phasenkurve enger an.

Bei Phasenwinkeln größer als 120° verlaufen die Phasenkurven wesentlich flacher als die theoretische Kurve und biegen sogar dann bei Phasenwinkeln um 160° wieder um, die Helligkeit des reflektierenden Körpers nimmt mit weiter zunehmendem Phasenwinkel ebenfalls zu, was ganz im Gegensatz zur Theorie steht. Im Falle des Meteorsteines von Simmern beginnt der Effekt sogar schon bei der Phase 150°.

Seine Ursache ist in Beugungserscheinungen zu suchen, die durch das Randprofil der gemessenen Meteore hervorgerufen werden. Dieses Randprofil besteht mehr oder weniger aus vielen feinen sägezahnartigen Zacken und Einschnitten, die im einzelnen als Beugungszentren wirken und bei großen Phasenwinkeln zusätzlich als Lichtquellen auftreten. Man konnte dies bei den Versuchen auch direkt sehen, indem bei diesen großen Phasenwinkeln der Meteorit mit einer leuchtenden Glorie umgeben war.

Der Anteil dieses zusätzlichen Beugungslichtes am Gesamtlicht nimmt mit abnehmendem Durchmesser der reflektierenden Körper zu, da er proportional $2\pi r$ ist, während das reflektierte Licht proportional $r^2\pi$ ist (r = Radius des Körpers).

Bei den abgebildeten Phasenkurven von Eisenmeteoriten kann man die des Meteoriten von Sichote Alin (Abb. 40) ohne Bedenken als für den interplanetaren Zustand repräsentativ annehmen. Ihre Abweichung von der LAMBERTschen Kurve ist noch wesentlich stärker als bei Steinmeteoriten und liegt in Richtung einer spiegelnden Reflexion, wie auch zu erwarten war.

Dagegen ist der Beugungseffekt wesentlich geringer als bei den Phasenkurven der Steinmeteoriten. Die Mikrostruktur der metallischen Oberflächen ergibt offensichtlich im Profil wesentlich weniger Beugungszentren als bei Mineralien.

Die anderen Phasenkurven von Eisenmeteoriten in Abb. 35 bis 39 zeigen, wie stark durch Korrosion sich das optische Verhalten der Oberfläche eines interplanetaren Körpers verändern kann (Abb. 35 und 36) und wie selbst polierte Oberflächen je nach der Politur gänzlich verschiedene Ergebnisse liefern können (Abb. 37 und 39). Dagegen scheint die Säuberung und Aufrauhung metallischer Oberflächen Verhältnisse zu liefern, die dem interplanetaren Zustand sehr ähnlich sind, wie der Vergleich von Abb. 36, 38 und 40 zeigt.

Auf eine bemerkenswerte Feinstruktur der Phasenkurve im Phasenwinkelbereich von 6° bis etwa 20° sei abschließend noch hingewiesen. Man erkennt sie deutlich in den Abb. 25, 26, 29 und 31, wo auch eine entsprechende Häufung der Messungspunkte zur Sicherung dieses Effektes vorhanden ist. Die Phasenkurve zeigt dort, entgegen ihrem allgemeinen Verlauf in diesem Bereich, wieder ein etwas steileres Ansteigen, wenn sie sich vom Phasenwinkel 20° ab dem Phasenwinkel Null nähert. Man könnte hierin eine experimentelle Bestätigung des von GEHRELS [4] an einer Anzahl von Planetoiden gefundenen „Oppositionseffektes" sehen.

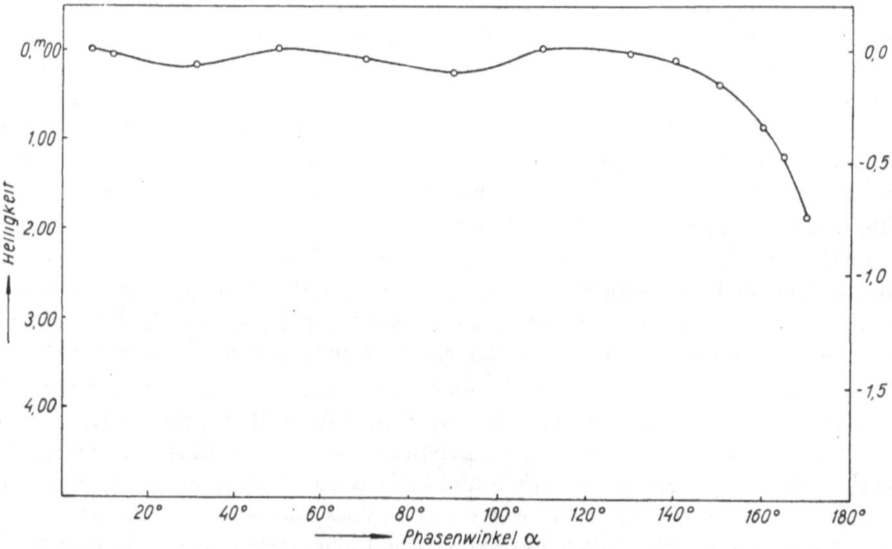

Abb. 35. Eisenmeteorit von Xiquipilco, Toluca, korrodiert

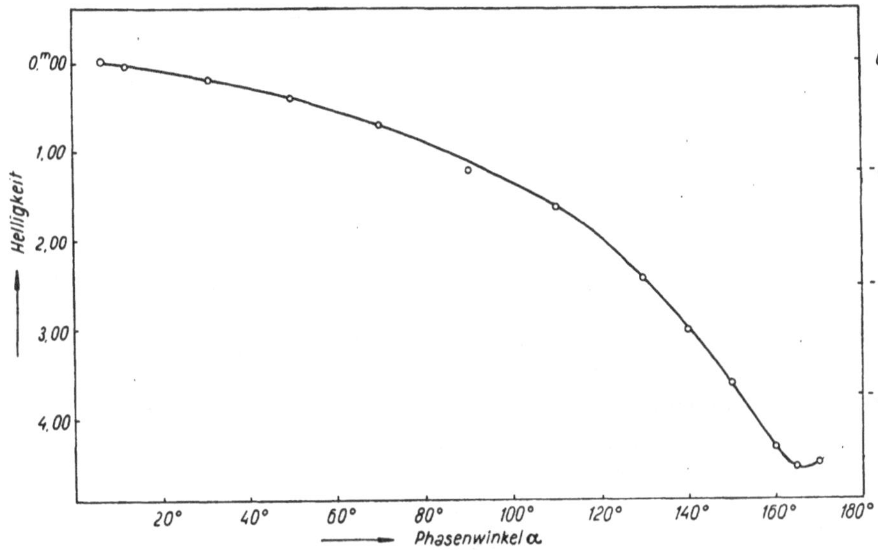

Abb. 36. Eisenmeteorit von Xiquipilco, Toluca, mit Sandstrahlgebläse gesäubert

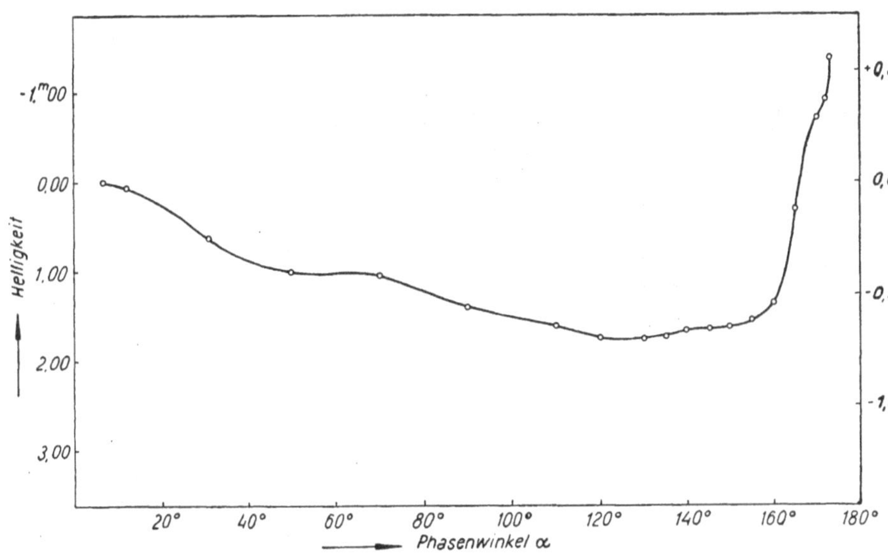

Abb. 37. Eisenmeteorit von Lenarto, hochglanzpoliert

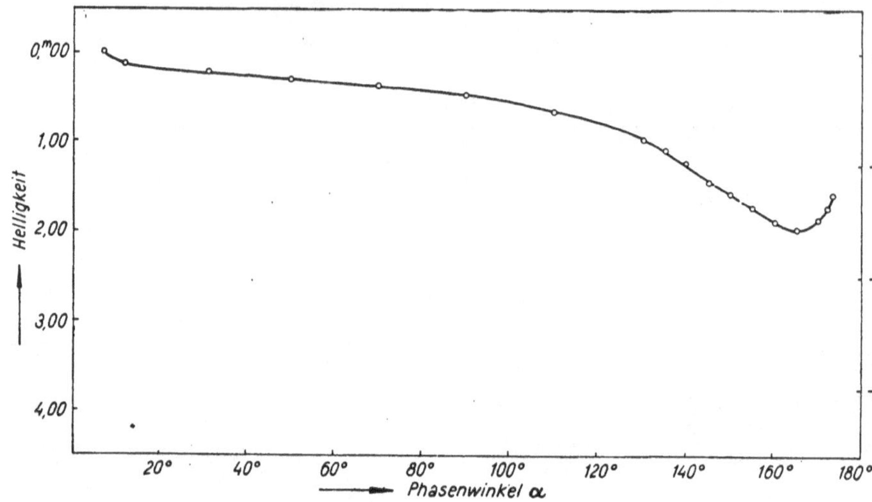

Abb. 38. Eisenmeteorit von Lenarto, mit Sandstrahlgebläse aufgerauht

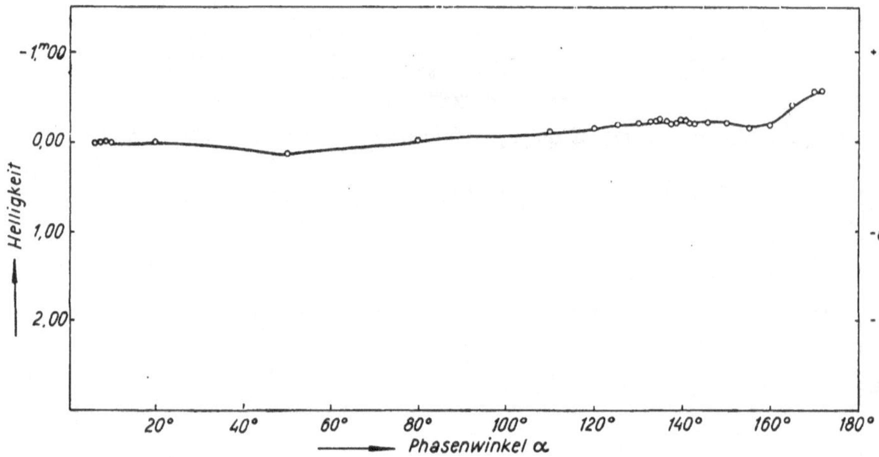

Abb. 39. Eisenmeteorit von Lenarto, poliert

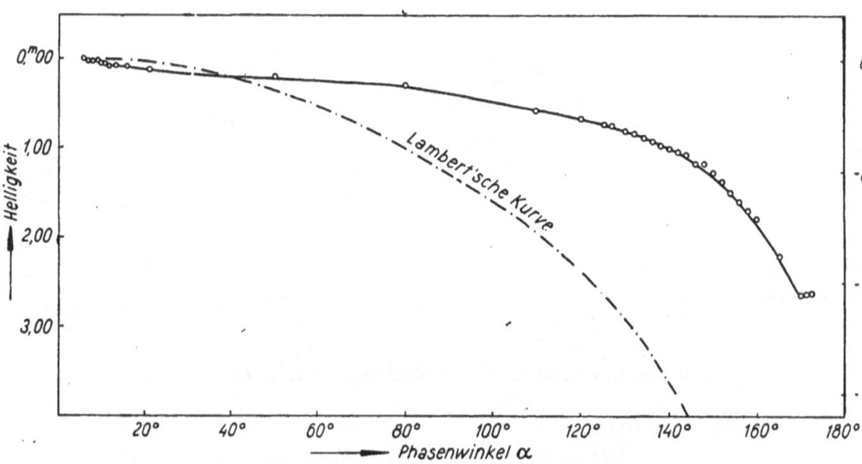

Abb. 40. Eisenmeteorit von Sichote Alin

c) *Absolute Reflexionskoeffizienten*

Die hier beschriebenen Untersuchungen sind unter maßgeblicher Mitarbeit von Herrn Dipl.-Phys. Börngen durchgeführt worden.

Im Folgenden wollen wir als Reflexionskoeffizienten R das Reflexionsvermögen der untersuchten Körper in der Bestrahlungsrichtung verstehen.

Es ist das Verhältnis zweier Lichtmengen, die wie folgt definiert sind:

Ein Flächenelement des zu untersuchenden Körpers empfängt aus der Bestrahlungsrichtung von der Lichtquelle eine gewisse Lichtmenge L_e. Es wirft zur Lichtquelle eine Lichtmenge L_r zurück. Das Verhältnis $\frac{L_r}{L_e} = R$ bezeichnen wir als absoluten Reflexionskoeffizienten.

In der Praxis ist eine strenge Durchführung der experimentellen Bestimmung von R insofern schwierig, als man nicht gleichzeitig an dem Ort der Lichtquelle den Strahlungsempfänger für das reflektierte Licht setzen kann. Man kann den Empfänger nur seitlich in unmittelbarer Nähe der Lichtquelle aufstellen und empfängt dann das reflektierte Licht unter dem Emanationswinkel ε, wobei die Quantität des empfangenen Lichtes dann gleich $L_r \cos\varepsilon$ wird. Solange beim Experiment $\varepsilon < 8°$ ist, bleiben die Verminderungen des gemessenen L_r gegenüber dem exakten, in der Bestrahlungsrichtung gültigen L_r noch unter 1%.

Bei unseren Messungen wurde die am Anfang geschilderte Experimentalanordnung voll übernommen mit der Erweiterung, daß vor die rotierenden Meteorite jeweils ein Diaphragma gesetzt wurde, dessen Flächeninhalt genau ausmeßbar war, sodaß die von den einzelnen Meteoriten reflektierten Lichtmengen stets auf die Flächeneinheit bezogen werden konnten und damit untereinander vergleichbar waren. Man erhält damit zunächst für die einzelnen Meteoriten relative Werte von R.

Die Messungen geschahen beim kleinsten, in der Experimentalanordnung möglichen Phasenwinkel $\alpha = 6°$, der jetzt die Rolle des Emanationswinkels ε spielt. Die dabei ermittelten Reflexionskoeffizienten sind nur um 5 Promille kleiner als die wahren Werte, ein Unterschied, der in den Meßfehlern untergeht. Die Messungen geschahen in allen 3 Spektralbereichen und bei senkrecht zueinander stehenden Stellungen des Polaroides. Zum Vergleich mit einer weißen Fläche wurden noch Stücke von Alabastergips mitgemessen.

Der absolute Anschluß dieser relativen Reflexionskoeffizienten geschah an eine mit Magnesiumoxyd frisch bedampfte Kupferplatte nach einer Methode, die bereits Lambert angegeben hat, und die von Zöllner verbessert wurde. Sie ist im Beitrag von Schoenberg über „Theoretische Photometrie“ im Handbuch der Astrophysik genau beschrieben, sodaß sie hier nicht im einzelnen geschildert zu werden braucht [5].

Das Ergebnis der genauen Spezialuntersuchung ergab für Magnesiumoxyd für den visuellen Spektralbereich einen absoluten Reflexionskoeffizienten von

$$R = 0.984\,.$$

Wir halten diesen Wert auch für die im Experiment zur Bestimmung relativer Reflexionskoeffizienten gewählten Spektralbereiche für gültig. Der Wert unterscheidet sich nur wenig von dem von F. Henning und W. Hense [6] ermittelten Reflexionskoeffizienten von $R = 0.953$ und ist fast identisch mit dem Wert $R = 0.98$, den Watson [7] für seine Untersuchungen über des Reflexionsvermögen von Meteoriten benutzt hat. Mit unserem Wert für Magnesiumoxyd ließen sich nun auch die Reflexionskoeffizienten der anderen untersuchten Stoffe in absolute Werte umrechnen. Das Ergebnis der Messungen ist aus Tabelle III zu ersehen.

Man sieht aus der Tabelle III, daß die absoluten Reflexionskoeffizienten der gemessenen Meteorite in dem Bereich zwischen 0.22 und 0.02 liegen. Bemerkenswert erscheint, daß der Eisenmeteorit von Sichote Alin sich in diese Skala einfügt. Bei der Bestimmung seines Reflexionskoeffizienten zeigte es sich, daß dessen Wert davon abhängig ist, welchen Teil der Oberfläche des rotierenden Meteoriten man durch das Diaphragma für die Photometrie benutzte. Dies verwundert nicht, wenn man sich seine Phasenkurve ansieht, die bei Phasenwinkeln zwischen Null und 80° den Einfluß

Tabelle III

	UG 3 λ 425 nm		ohne Filter λ 480 nm		OG 4 λ 520 nm		F.I. (B—V)
	0°	90°	0°	90°	0°	90°	
Magnesiumoxyd	0.984	0.984	0.984	0.984	0.984	0.984	$0^m.00$
Alabastergips	0.706	0.702	0.709	0.706	0.719	0.714	+0.02
Meteorit Norton County	0.221	0.220	0.228	0.228	0.242	0.241	+0.10
Meteorit Nikolskoje	0.188	0.186	0.189	0.187	0.203	0.198	+0.08
Meteorit Sichote Alin	0.104–0.192	0.103–0.185	0.108–0.191	0.105–0.186	0.114–0.200	0.108–0.188	+0.05
Meteorit Saratow	0.135	0.131	0.143	0.140	0.152	0.148	+0.13
Meteorit Kunaschak	0.120	0.118	0.127	0.125	0.141	0.137	+0.17
Meteorit Perwomaiskij-Posjelok hell	0.115	0.112	0.122	0.120	0.138	0.135	+0.20
Meteorit Perwomaiskij-Posjelok dunkel	0.068	0.065	0.071	0.068	0.075	0,074	+0.12
Meteorit Orlovka	0.049	0.046	0.050	0.049	0.060	0.057	+0.22
Meteorit Sevrukovo	0.021	0.020	0.034	0.032	0.039	0.035	+0.64

spiegelnder Reflexion aufweist. Die auf seiner Oberfläche vorhandenen winzigen spiegelnden Flächen werden sich, je nach Lage, bei den Messungen des Reflexionskoeffizienten auch verschieden im Resultat auswirken. Dieser schwankt dementsprechend auch um den Faktor 2, hält sich aber in seinen Extremen noch innerhalb des Bereiches der Steinmeteoriten. Man braucht also bei photometrischen Rechnungen über meteoritische interplanetare Materie keinen Unterschied zwischen Stein- und Eisenmeteoriten hinsichtlich des Reflexionskoeffizienten zu machen. Schließlich sind in der letzten Spalte der Tabelle III noch Farbenindices (F. I.) mitgeteilt, die sich im *B-V*-System aus dem Verhältnis der Reflexionskoeffizienten für λ 425 nm und λ 520 nm ergeben.

Zusammenfassung der Ergebnisse und Vergleich mit anderen Autoren

Das Ziel der hier dargelegten experimentellen Untersuchungen zur Beleuchtung interplanetarer Materie ist es, für Körper bestimmter Größenbereiche — im vorliegenden Falle 10^0 bis 10^1 cm — mittlere typische Polarisationskurven, mittlere typische Phasenkurven und einen typischen Mittelwert für den Reflexionskoeffizienten abzuleiten, mit denen man zum Beispiel eine photometrische Interpretation des Zodiakallichtes oder der Kometenkerne vornehmen kann, oder Modelle ausrechnen kann, die die Beobachtungen an diesen Ausdrucksformen interplanetarer Materie erklären.

Eine mittlere typische Polarisationskurve von Steinmeteoriten ist in Abb. 41 wiedergegeben. Die entsprechende Kurve für Eisenmeteoriten finden wir in Abb. 21. Eine mittlere typische Phasenkurve für Steinmeteoriten wird in Abb. 42 vorgelegt.

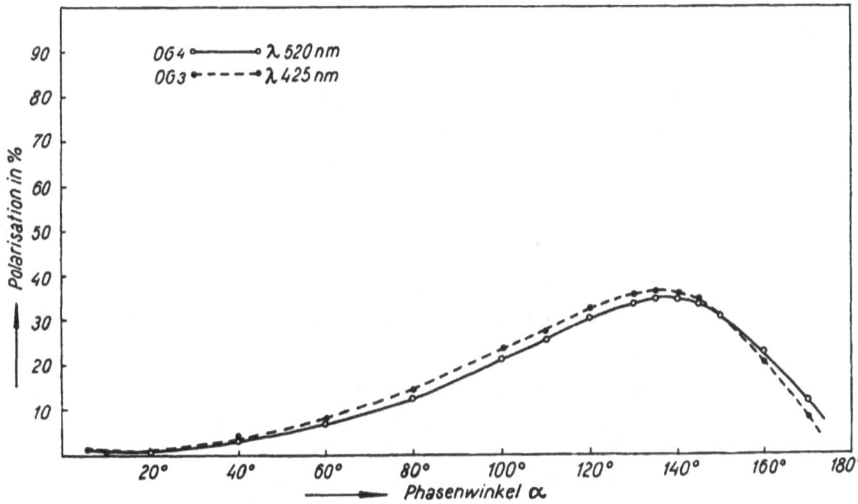

Abb. 41. Mittlere Polarisationskurve für Steinmeteoriten

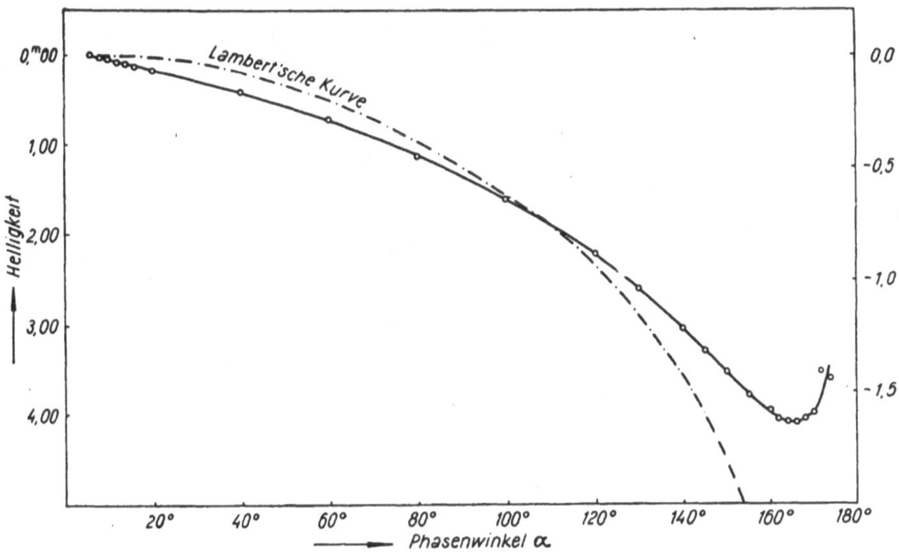

Abb. 42. Mittlere Phasenkurve für Steinmeteoriten

Die entsprechende Kurve für Eisenmeteorite dürfte durch Abb. 40 repräsentiert sein. Mit diesen Kurven müßte gerechnet werden, wenn man sich die Zodiakallichtwolke oder die Kerne der Kometen aus Teilchen von der Größenordnung 10^0 bis 10^1 cm aufgebaut vorstellt und zwischen metallischen und dielektrischen Körpern unterscheiden will.

Zum Schluß soll noch ein Vergleich mit den Arbeiten anderer Autoren vorgenommen werden, soweit sie dem Verfasser zugänglich gewesen sind. Auf die Arbeiten KRINOWS [1], [2] hinsichtlich der Bestimmung spektraler Reflexionskoeffizienten haben wir schon hingewiesen. Es bleibt noch übrig, auf die bereits zitierte Arbeit WATSONS [7] näher einzugehen, die etwa zur gleichen Zeit wie die KRINOWschen Untersuchungen stattfand. Sie liefert uns Reflexionskoeffizienten für 8 Meteoriten im Spektralbereich von 400 nm bis 700 nm. Es wurden bei Steinmeteoriten Stücke mit flachen und rauhen Oberflächen ausgewählt, die noch keine Korrosion zeigten und dem interplanetaren Zustand entsprechen dürften. Dagegen ist das von ihm untersuchte Eisenstück von Canyon Diablo künstlich durch Tiefätzung nach vorangegangener Polierung verändert, entspricht also nicht dem interplanetaren Zustand. Nach der sehr knappen Beschreibung der lichtelektrischen Experimentieranordnung handelt es sich bei den ermittelten optischen Materialkonstanten nicht um absolute Reflexionskoeffizienten in der Bestrahlungsrichtung, sondern um Albedowerte ähnlich der BONDschen Albedo. Seine Werte sind danach mit unseren nicht streng vergleichbar, ergeben sich aber alle von ähnlicher Größenordnung.

Eine offensichtlich sehr umfangreiche neuere Untersuchung über Reflexionskoeffizienten und Farbenindices von zahlreichen Steinmeteoriten wurde von SYTINSKAJA [8] durchgeführt. Die sehr kurze, anscheinend provisorische Publikation bringt nur in zwei Tabellen ein statistisches Gesamtresultat, ohne über die Experimentalmethode etwas auszusagen. Die angegebenen Reflexionskoeffizienten und Farbenindizes stimmen sehr gut mit unseren Werten überein, sodaß man annehmen kann, daß die Methoden der Untersuchung sich nicht sehr unterschieden.

Eine zusammenfassende Darstellung all dieser Untersuchungen über die optischen Eigenschaften von Meteoriten (Reflexionskoeffizienten und Farbenindizes) findet man in dem Buch von KRINOW „Principles of Meteoritics“ [9], das auch noch einige neuere Arbeiten des Verfassers zu diesem Thema enthält.

Dagegen berücksichtigt es nicht eine Arbeit von KLOVERSTROM und RENSE [10], die einen ersten Versuch darstellt, weitere optische Materialkonstanten von Meteoriten zu bestimmen in der Richtung, wie sie in vorliegender Arbeit eingeschlagen worden ist. Es betrifft dies das Polarisationsvermögen in Abhängigkeit vom Phasenwinkel, das an 5 Meteoriten (vier Stein- und ein Eisenmeteorit) durch eine photoelektrische Meßanordnung geprüft wird.

Leider verzichten die Verfasser von vornherein auf die exakte Realisierung des interplanetaren Zustandes der untersuchten Meteoriten, sondern schleifen vorher ihre Stücke mit Carborundum plan. Wie grundlegend sich dabei die Verhältnisse ändern können, haben wir bei unseren Eisenmeteoriten gesehen. Die von den Verfassern mitgeteilten Polarisationskurven ergeben daher — auf unsere Darstellungsweise umgerechnet — auch ein völlig anderes Bild, wie Abb. 43 zeigt. In dem von ihnen gemessenen Bereich von 32° bis 120° Phasenwinkel liegt das Maximum der Polarisation bei 90°, wie man es bei Streuung an Molekülen zu erwarten hätte. Dies steht in Widerspruch zu unseren Kurven und kann auf die wirklichen Verhältnisse an meteoritischen Oberflächen nicht angewandt werden. Die in der Arbeit noch mitgeteilten Reflexionskoeffizienten ergeben, auf die Bestrahlungsrichtung umgerechnet, Werte von 0.12 bis 0.22, schließen sich also den von uns und SYTINSKAJA ermittelten Werten an. Allerdings ist die isophote Wellenlänge der Versuchsanordnung bei KLOVERSTROM und RENSE nicht angegeben, sodaß ein exakter Vergleich nicht möglich ist.

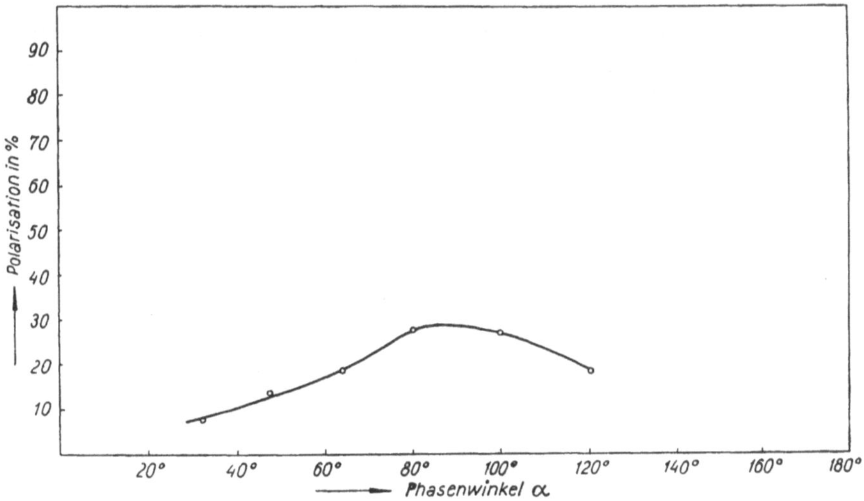

Abb. 43. Polarisationskurve für Steinmeteoriten (polierte Oberflächen) nach KLOVERSTROM und RENSE

Über Phasenkurven an meteoritischen Oberflächen ließ sich in der Literatur bisher noch keine Arbeit ermitteln.

Dagegen sollen einige experimentelle Arbeiten an irdischen Gesteinen zum Schluß nicht unerwähnt bleiben, da sie interessante Vergleiche zu den hier durchgeführten Untersuchungen gestatten. Es wäre hier die klassische Publikation von LYOT [11] zu erwähnen, die ja überhaupt die Polarisationsmessungen in der Astrophysik maßgebend gefördert hat. Im Kapitel VI teilt er Polarisationskurven verschiedener Mineralien mit, die im Prinzip alle den gleichen Verlauf zeigen, wie die in vorliegender Arbeit mitgeteilten Kurven von Meteoriten, einschließlich des Betrages der jeweiligen maximalen Polarisation. Er hat auch erstmalig die Methode angewandt, seine zu untersuchenden Stücke rotieren zu lassen, um Mittelwerte über das Polarisationsvermögen zu erhalten. Allerdings hat er vorher die Bruchstücke zu kleinen Kugeln zugeschnitten, wobei nicht ganz zu übersehen ist, ob sich dadurch die optischen Eigenschaften ihrer natürlichen Oberflächen doch geändert haben. Auch DOLLFUS [12] kommt in einer ähnlichen Untersuchung für kleine körnige Mineralien zu ähnlichen Polarisationskurven und ergänzt damit das Repertoire von Polarisationskurven, die alle die typische Form aufweisen wie wir sie in Abb. 41 für Meteorsteine wiedergeben.

Schließlich ist noch eine experimentelle Arbeit von Wörner [13] zu erwähnen, die lichtelektrisch gemessene Phasenkurven verschiedener Gesteine enthält, die kugelförmig zugeschnitten waren und zum größten Teil matte Oberflächen zeigten. Die Phasenkurven, die den Phasenwinkelbereich von 0° bis 150° überstrecken, schmiegen sich nur teilweise dem Lambertschen Gesetz an, weichen von ihm bei Phasenwinkeln größer 120° beträchtlich ab und zeigen teilweise den Einfluß spiegelnder Reflexion.

Grundsätzlich kann man aus all unseren Darlegungen feststellen, daß das Lambertsche Phasengesetz nur als Ausnahme in den Phasenkurven interplanetarer Körper beobachtet werden kann und auch bei irdischen Mineralien keinesfalls über den ganzen Phasenwinkelbereich gültig ist.

LITERATUR

[1] KRINOW, E. L. The spectral reflecting power of the meteorite "Saratov". RAJ 14 (1937) 356—363. Russisch mit englischer Zusammenfassung.

[2] KRINOW, E. L., Spectrophotometric study of 40 stony meteorites. RAJ 17, Nr. 4. (1940) 40—67. Russisch mit englischer Zusammenfassung.

[3] RABE, E., On the formation of rapidly rotating asteroids. ApJ 131, No. 1 (1960) 231.

[4] GEHRELS, TH., Photometric studies of asteroids. VI. Photographic magnitudes. ApJ 125 (1957) 550.

[5] SCHOENBERG, E., Handb. d. Astrophysik, Bd. II, Erste Hälfte. Grundlagen der Astrophysik. Zweiter Teil. Theoretische Photometrie. S. 56 (1929).

[6] HENNIG, F., und HENSE, W., Z. f. Phys. 10 (1922) 111.

[7] WATSON, F. G., Reflectivity and colour of meteorites. Proc. of the Nat. Acad. of Sciences 24, Nov. 12 (1938) 532—537 = Harvard reprint 155.

[8] SYTINSKAJA, N. N., Untersuchung der Albedo und der Farbe von Steinmeteoriten. Astr. Circ. UdSSR, Nr. 136 (1953) 22, russisch.

[9] KRINOW, E. L., Principles of meteoritics. Pergamon Press, Oxford, London, New York, Paris 1960, S. 418—430. Russisch: Moskau 1955.

[10] KLOVERSTROM, E. A., und RENSE, W. A., Reflection from meteoritic surfaces. ApJ 115 (1952) 495.

[11] LYOT, B., Recherches sur la polarisation de la lumière des planètes et de quelques substances terrestres. Ann. Obs. de Paris, Tome VIII, Fasc. I (1929).

[12] DOLLFUS, A., Polarisation de la lumière renvoyée par les corps solides et les nuages naturels. Ann. d'Astroph. 19, No. 2 (1956).

[13] WÖRNER, H., Helligkeitsmessungen an Kugeln mit einem lichtelektrischen Photometer. Veröff. Univ. Sternw. Berlin-Babelsberg, Bd. VIII, Heft 4 (1930).

PUBLIKATIONEN DES ASTROPHYSIKALISCHEN OBSERVATORIUMS DER DEUTSCHEN AKADEMIE DER WISSENSCHAFTEN ZU BERLIN, POTSDAM

Band 29

Heft 4 WALTER GROTRIAN
Polaritäten und Maximalwerte magnetischer Feldstärken von Sonnenflecken in den Jahren 1946—1951
1953. X, 158 Seiten — 479 Abbildungen — 4° — DM 36,—

Heft 5 W. HASSENSTEIN
Photometrische Beobachtungen von veränderlichen Sternen am Astrophysikalischen Observatorium Potsdam in den Jahren 1921 bis 1940
1954. 31 Seiten — 4° — DM 12,—

Band 30

Heft 1 WALTER GROTRIAN und Mitarbeiter
Polaritäten und Maximalwerte magnetischer Feldstärken von Sonnenflecken in den Jahren 1952—1953
1956. 42 Seiten — 6 Abbildungen — 4° — DM 9,50 (vergriffen)

Heft 2 HERIBERT SCHNELLER
Tafeln zur Berechnung der Elemente von randverdunkelten Bedeckungsveränderlichen
1959. XXIII, 118 Seiten — 4° — DM 29,—

Heft 3 U. GÜNTZEL-LINGNER
Photographische Messungen von Doppelsternen von 1953.3—1957.6
1962. II, 70 Seiten — 4° — DM 18,—

Heft 4 G. BÖTTGER
Photographische Doppelsternmessungen mit dem Astrographen des Astrophysikalischen Observatoriums Potsdam
In Vorbereitung. Etwa 40 Seiten — 4° — etwa DM 7,70

Bestellungen durch eine Buchhandlung erbeten

THEORIA CUM PRAXI

A K A D E M I E - V E R L A G · B E R L I N

FSC
www.fsc.org
MIX
Papier | Fördert gute Waldnutzung
FSC® C083411

Zeitfracht Medien GmbH
Ferdinand-Jühlke-Straße 7
99095 Erfurt, Deutschland
produktsicherheit@kolibri360.de